백두산

자연과 역사가 살아 숨 쉬다

동북아역사재단
교양총서 16

백두산

자연과 역사가 살아 숨 쉬다

강석화 지음

동북아역사재단
NORTHEAST ASIAN HISTORY FOUNDATION

간행사

우리나라를 둘러싼 동북아 지역의 역사 갈등은 여전히 한창이고, 점차 심화되고 있습니다. 우리 동북아역사재단은 2006년에 동북아 지역의 역사 갈등을 미래지향적으로 해결하고, 나아가 역내 평화체제를 구축하려는 목적으로 출범하였습니다. 이때는 항상적으로 제기되고 있던 일본의 역사 왜곡에 더하여 고구려, 발해 역사를 둘러싸고 중국과 역사 분쟁이 일어났습니다.

한국과 일본 사이의 역사문제는 19세기 말 일제의 침탈과 식민지배 때부터 있어 왔습니다. 지금도 일제의 식민지배에 대한 진정한 사죄와 일본군'위안부' 문제, 전쟁에의 강제 동원과 수탈, 독도 등을 둘러싸고 논쟁과 외교 마찰이 일어나고 있습니다. 중국은 개혁·개방 이후 급속하게 경제발전을 이루면서 체제를 안정시키고 선린외교에 주력하였으나, 주변국과의 관계에서 주도권을 잡고자 하는 과정에서 자연스럽게 역사문제를 둘러싸고 이웃과 대립하게 되었습니다. 그중 동북 3성 지역의 역사에 대해서는 이른바 '동북공정'이라는 것을 통하여 중국 영토 안에서 일어났던 역사를 모두 자기 역사 속에 편입하고자 함으로써 우리의 고대사고조선, 부여, 고구려, 발해 등와 충돌하게 되었습니다.

우리 재단은 이런 역사 현안을 우리 입장에서 연구하면서 다른 한편으로 우리 국민이나 다른 나라 사람들이 우리의 연구 결과를 같이 공유하고, 이를 쉽게 알 수 있도록 교양 수준의 책을 출간하게 되었습니다. 한·중·일 역사 현안인 독도, 동해 표기, 일본군 '위안부', 일본역사교과서, 야스쿠니신사, 고조선, 고구려, 발해 및 동북공정 관련 주제로 우리 재단 연구위원을 중심으로 재단 외부 전문가들로 필진을 구성하였습니다.

모든 국민들이 이 교양서들을 읽어서 역사·영토 현안을 올바르게 인식하고 나아가 우리가 동북아 역사 갈등을 주도적으로 해결하여, 평화체제를 이룩하는 데 주역이 되기를 바랄 뿐입니다.

동북아역사재단

이사장 김도형

책을 내며

필자가 백두산에 올라 천지를 직접 볼 수 있었던 때는 1991년 8월이었다. 그때 필자는 서울대학교 국사학과 대학원 박사과정생이었다. 당시 중국과 정식 수교를 앞두고 있었으며 이에 맞추어 중국 답사를 계획한 것이었다.

처음 가보는 중국이었으므로 상해에서 북경을 거쳐 심양으로, 다시 백두산과 고구려 유적을 탐방하는 2주간에 걸친 답사일정을 계획했다. 북경까지 직항편이 없던 때였으므로 서울에서 홍콩, 상해, 북경, 심양으로 계속 비행기를 갈아탔고 심양에서부터 본격적으로 답사가 시작되었다.

야간 열차를 14시간 이용한 후에야 비로소 이도백하역에 도착했고, 그곳에서 다시 버스를 타고 장백산 지구에 도착할 수 있었다. 숙소에서 백두산까지는 다시 버스로, 백두산 답사를 위해서는 사륜구동 차량을 이용해야만 했다.

중국제 사륜구동 차량을 타고 올라간 후 내려다 본 천지天池의 장엄한 기운은 지금도 잊을 수 없다. 그 높은 위치에, 그 정도의 호수가 있다는 것도 신비롭고, 무엇보다 짙푸른 물빛은 경외감을 느끼게 하기에 충분했다. 백두산 그 자체를 신神으로 모셨던 옛 사람들의 마음을 이해할 수 있었다.

백두산에 올라 천지를 직접 보았다는 감격 때문이었을까. 일행들 모두는 눈이 젖어 있었다. 대학원 동료들은 "나이 삼십이 넘어서, 그것도 남의 나라 땅을 거쳐서야 겨우 백두산에 오를 수 있다니…"라며 이야기를 나누었고, 우리를 인솔하셨던 지도교수님께서는 젖은 눈으로 "자네들은 그래도 서른 살에 와보는 거 아닌가. 나는 쉰이 넘어서야 온 것이라네"라고 말씀하셨다.

이후 필자는 백두산정계비와 영토 의식 문제, 간도 문제 등을 연구 대상으로 삼게 되면서, 전공 관련상 백두산에는 여러 차례 더 가볼 기회가 있었고, 천지 수면을 보거나 직접 몸을 담근 적도 있었다. 그러나 처음의 감격과 감동, 경외감은 변하지 않았다.

많은 사람이 "백두산은 우리 민족의 성산聖山"이라고 쉽게 말하지만 백두산에 대해 아는 사람은 많지 않다. 이 책은 이러한 현실에서 백두산을 널리 알리기 위해 기획된 것이다.

책은 두 부분으로 구성하였다. 앞부분은 우리 자연유산 백두산의 자연환경과 생태에 관한 내용이다. 백두산의 모습을 자세히 알리기 위해 자연지리적 위치, 형성과정, 기후, 강과 호수, 생태 환경 및 동식물, 사계절의 변화상 등을 소개하였다. 뒷부분은 우리 역사 속의 백두산이라는 제목을 붙여 백두산 주변에 어떤 민족이 살고 있었고, 어떤 나라가 세워졌는지, 백두산에 얽힌 전승과 기록은 어떤 것이 있는지 등을 수록하였다. 이어서 오랜 역사 속에서 백두산이 어떻게 기억되었는지, 백두산을 둘러싼 한국과 중국 등 관련 국가 사이의 갈등이나 영토 문제는 어떻게 이해해야 하는지 등에 대한 내용을 설명하였다.

백두산과 천지를 처음 접했을 때의 감동을 모두 느끼게 하고 싶은 마음에서 글을 시작하였으나, 이 책을 읽고 백두산에 대한 애정이나 외경심이 한순간에 크게 일어나지는 않을 것이다. 그러나 약간의 시간과 경제적 여유가 생겨 어디론가 떠나고 싶거나 어디든 가보고 싶은 마음이 들 때 그 목적지가 백두산이 되는 데 조금이나마 보탬이 되기를 바란다.

2019년 겨울 초입에서

강석화

목 차

제2장
우리 역사 속의 백두산

백두산 천지

1장

우리 자연유산 백두산

1

백두산의 **위치**와 **영역**

해발고도 2,750*m*인 백두산은 아시아 북동부에서 가장 높은 산으로, 한반도 등마루를 이루는 백두대간의 기점이다. 또한 북동-남서 방향의 창바이산맥과 북서-남동 방향의 마천령산맥의 교차점에 있으며, 행정구역상으로는 북한 양강도 삼지연군과 중국 지린성 안투현安圖縣 얼다오바이허진二道白河鎭이 접하는 국경 지대에 걸쳐 있다북위 41도 31분~42도 28분, 동경 127도 9분~128도 55분. 백두산 마루는 해발고도 2,500*m* 이상의 20여 개 봉우리들이 60도 이상의 급경사를 이루며 천지를 병풍처럼 둘러싸고 있다. 이 연봉들을 외륜산이라 하는데 외륜산 봉우리들의 높낮이는 천지 수면을 기준으로 150*m* 안팎이며, 해발고도는 장군봉이 2,750*m*로 가장 높고, 해발봉2,727*m*과 향도봉2,712*m*이 뒤를 따른다.

백두산 지형은 중생대 백악기 이후 신생대 제3기와 제4기에 지체구조 운동 및 화성 활동 같은 지질학적 진화 과정을 거쳐 형성되었다. 특히 신생대 제3기~제4기2800만 년 전~200만 년 전에 13회 이상 반복된 화산 활동으로 백두산 지형의 기반인 현무암질 용암 대지가 형성되었다. 용암 대지는 남서쪽 기슭인 혜산군 일대가 900~1,000m, 삼지연군 일대가 1,400m, 백두산 주변부가 1,800~1,900m 정도에 이른다. 또한 한반도 쪽으로는 양강도와 함경북도 일원에, 중국 쪽으로는 백두산 중심부에서 약 270km 떨어진 옌지延吉시까지 매우 넓게 퍼져 있으며, 주변부가 침식되기 전에는 현재보다 훨씬 더 넓었다. 지질학적 개념으로 분포 범위를 살펴보면 백두산 영역은 3만㎢에 이르며, 지리적 개념으로는 백두산 천지를 기점으로 얼다오바이하까지 약 65km 이내, 약 8,000㎢이다.

백두산은 최근까지 화산 분출 활동최종 분출 기록 1903년 5월이 있었으며, 이로 인해 정상에는 회백색 부석이 쌓여 있다. 1년 중 8개월 이상 눈에 덮여 있어 마치 흰 머리같이 보인다고 하여 백두산이라 부르며, 중국에서는 창바이산으로 부른다. 또한 한반도 지리산까지 이어지는 백두대간의 기점으로 한반도의 모든 산들이 여기에서부터 이어져 내려왔다고 보았으며, 예로부터 성스러운 산으로 숭배되었다. 역사적으로는 한민족의 발상지로 인식되고 있으며, 고조선 이래 부여, 고구려, 발해 등 고대 국가들의 기원이 되었다고 생각해 왔다.

산마루의 거대한 분화구는 화산 폭발과 함께 화구가 함몰되어 형성된 칼데라이며, 이후 빗물 등이 모여 칼데라호인 천지天池가 되었다. 분화구 전체 면적 가운데 천지가 차지하는 비율은 40.6%이다. 천지는 연평균 수온 9℃, 저수량 약 20억 톤, 수면의 해발고도 2,190m, 평균 수심 213.3m, 최대 수심 384m, 남북 거리 4.85km, 동서 거리 3.35km, 둘레 13.11km, 면적 21.4km²인 거대한 산상 호수로, 세계 최고最高인 남미의 티티카카호최고 수심 304m보다 깊다.

2

백두산의 **형성**

가. 화산 활동과 백두산

1) 화산 활동을 통한 백두산의 형성

지구의 나이는 약 45억 년으로 알려져 있다. 현재 발견된 가장 오래된 암석은 약 40억 년 전의 것이다. 지구의 탄생 이후 25억 년까지는 시생대, 5억 7천 만 년까지는 원생대, 2억 3천 만 년까지는 고생대, 6천 5백 만 년 전까지는 중생대, 이후 오늘날까지를 신생대로 구분한다. 신생대는 제3기6천 5백만 년 전~2백 5십만 년 전와 제4기2백 5십만 년 전~현재로 다시 세분된다. 백두산 봉우리, 칼데라 호수인 천지 등 주요 지형들은 대부분 신생대 제3기와 제4기를 거치면서 형성되었다.

백두산 지구 형성에 가장 큰 영향을 준 지질 활동은 화산 활동이었다. 화산 활동은 지구 내부에서 형성된 마그마가 지구 표면을 뚫고 올라와 육지 또는 수중에서 분출하는 것이라 정의되며, 주로 판 경계부에서 일어난다. 대륙판과 해양판의 수렴 경계인 환태평양 화산대 북서부에 위치한 한국과 일본, 중국과 러시아 일대에서는 해양판인 태평양판의 섭입으로 인한 화산 활동과 열점 기원인 맨틀로부터 마그마가 상승하는 화산 활동이 중생대부터 시작되어 신생대 제4기까지 일어났다.

백두산 지구에서는 신생대 제3기와 제4기 동안에 현무암질 용암 대지가 형성되었다. 현무암질 용암의 기원에 대해 1990년대 초까지는 유라시아판 아래로 섭입하는 태평양판의 부분 용융으로 생성된 마그마가 상승하여 분출한 것으로 해석되었다. 그러나 1990년대 중반 이후 맨틀로부터 마그마가 직접 상승하여 분출한 열점 기원인 것으로 밝혀졌다. 그 까닭은 현무암질 용암 성분 중 부분 용융의 경우 나타나는 지각 성분이 없고, 해양에서 직접 분출한 현무암류와 유사한 화학 조성이 나타나기 때문이다.

화산의 분출 형식은 유동성 분출, 폭발성 분출, 열운 분출 등 3가지 유형으로 구분된다.

첫째, 유동성 분출은 유동성이 큰 현무암질 용암이 화산의 경사면을 따라 멀리 흘러가는 분출 형식이다. 백두산 지구의 화산 분출 작용 중 가장 많은 양의 용암이 유동성 분출 형식으로 분출되었다. 화산 지형 형성 초기 과정에서 백두산, 북포태산, 남포태산, 아무산, 두류산 등과 같은 산봉우리들의 분화구로부터 현무암질 용암이 유동성 분출 형태로 수차례 흘러나와 현무암층으로 이루어진 백두산 용암 대지를 형성하였다. 백두산 지구 일대에 방패 모양의 층상 화산체들이 형성된 후에도 푸른봉층과 북포태산층의 조면암, 조면암질 석영안산암, 대평층의 준알칼리 현무암 및 향도봉층의 조면암질, 석영안산암 같은 일부 화산암 역시 용암의 유동성 분출로 형성되었다.

둘째, 폭발성 분출은 점성이 큰 안산암질 또는 화강암질 마그마에 포함된 용존 가스에 의해 용암과 연기, 화산 분출물 등을 급격한 속도로 뿜어내는 것으로, 분출 기둥이 고도 수십 킬로미터에 이르며 많은 화산 쇄설물을 빠른 속도로 날려보낸다. 백두산 지구의 경우 약 2백만 년 전부터 현세까지 폭발성 분출이 여러 차례 있었다. 폭발성 분출이 일어날 경우 준알칼리 계열의 현무암질 화산암층과 백색의 부석층이 형성되는데, 폭발성 분출에 의해 대기 중에 솟구친 부석 입자나 화산재 같은 화산 쇄설물이 다시 낙하하면서 큰 입자들은 분화구 주변에 쌓이고 작은 입자들은 바람에 멀리 날려간다. 부석층은 백두산을 중심으로 편심타원성 분포를 보이며, 화산재가 퇴적하여 형성된 테프라층은 동해뿐 아니라 일본 북동부 해안에서도 발견된다. 편서풍의 영향을 받아 화산 쇄설물들이 운반된 것이다.

폭발성 분출이 지속적으로 일어나도 대기 중으로 화산 쇄설물이 분출되는 고도가 낮은 경우, 무두봉층과 같이 분화구 주변에 분출물이 퇴적되어 원추형 화산체를 이루게 된다. 대연지봉, 소연지봉, 무두봉, 대각봉 등이 그 사례다.

셋째, 열운 분출은 온도가 높은 용암이 화구에서 분출되어 많은 양의 가스와 함께 빠른 속도로 화구의 경사면을 따라 흘러내리는 분출 형식으로, 폭발성 분출과 유동형 분출 혼합형이라 할 수 있다. 가스를 많이 함유한 용암이 화구에서 흘러나올 때 발생하게 되는데, 가스가 방출되면서 만들어진 다공질 용암으로 구성되는 것이 특징이다. 천지의 외륜산인 장군봉에는 열운 분출에 의한 다공질 화산암이 주로 분포한다.

백두산 지구의 형성 과정을 보면, 중생대에서 현세에 이르기까지 복잡한 지질학적 과정을 거쳤다. 구체적으로는 적어도 네 번의 판구조론적인, 혹은 지체구조학적인 환경 변화가 있었다.

첫 번째 과정은 중생대에 일어난 대보조산 운동으로 동아시아 전역에 걸쳐 강한 압축력이 작용한 단계다. 이 시간 동안에는 태평양 북서부에 있던 해양판이 유라시아 대륙 아래로 침강하였으며, 대서양도 급속히 확장되고 있었다. 동아시아 지역에는 태평양과 유라시아 대륙으로부터 매우 강한 압축력이 작용한 시기였다. 이 영향으로 한반도 전역에 걸쳐 북북서-남남동 방향, 특히 북서-남동 방향의 단층대와 소규모 분지들이 형성되었으며, 중생대층이 퇴적되었다.

두 번째 단계는 점차 압축력이 약해지면서 중생대 주라기 말부터 백악기 말까지 약한 압축력과 장력이 교체되는 지체구조 환경으로 변화한 시기다. 한반도에서는 백악기 초에 발달한 북동 방향의 단층선들을 따라서 인장현pull-apart 분지들이 형성되고, 주로 안산암과 응회암이 분출·퇴적되었다. 이 시기 마그마 분출 작용에 의해 백두산과 혜산 일대에 기반암을 이루는 안산암·응회암·석영반암·규장암 층이 형성되었다.

세 번째 단계는 중생대 백악기 말부터 신생대 제3기 중엽까지 작용한 장력에 의한 팽창이 일어나는 시기다. 이때의 팽창작용으로 일본 열도가 유라시아 대륙에서 떨어져 나가게 되었으며, 동해안 주변부를 따라 수많은 북동 방향 단층들이 형성되었다. 지속적인 팽창에 의해 백두산 지구에 분포하는 단층대가 지하 깊은 곳까지 확장되어 지각을 지나 맨틀까지 도달하는 심부단열대로 발전하였으며, 이후 이 단열대를 따라 마그마가 상승하는 특성을 가지게 되었다.

네 번째 단계는 신생대 제3기 후기에 해당하며, 동해의 확장으로 대표되는 장력이 작용하는 단계다. 지각에 작용하는 장력에 의해 백두산 지구의 단열대가 크게 열렸고, 맨틀로부터 다량의 현무암질 마그마가 상승·분출하여 백두산 용암 대지를 형성하였다. 이 시기부터 백두산은 대륙형 열점으로서의 특징이 뚜렷하게 나타나게 되었다. 백두산이 열점으로 작용하게 된 근본 원인은 북서-남동, 북동-남서 등 여러 방향의 심부단열대가 백두산에서 교차하여 주변 지역에 비해 상대적으로 압력이 낮아 맨틀 물질이 쉽게 용융하여 상승할 수 있었기 때문이다.

신생대 이후 백두산 화산대의 화산 활동은 최소 10회의 분출 단계로 구분된다.

제1분출 단계는 신생대 제3기 중엽에 일어난 현무암질 용암의 유동성 분출이다. 약 2천만 년 전, 1,300만 년 전, 900만 년 전~770만 년 전 등 세 차례 분출이 일어나 무반정 현무암 또는 감람석 반정이 10% 정도 포함된 맨틀 기원의 감람석 현무암이 백두산 용암 대지의 기저부를 형성하였다.

제2분출 단계는 신생대 제3기 후반~신생대 제4기 초에 일어난 현무암질 용암의 유동성 분출이다. 신생대 제3기 후반으로 갈수록 분출 활동이 훨씬 활발해졌고, 지속적인 분출로 인하여 이 시기 동안 백두산, 포태산, 아무산, 두류산 등이 분화구로 활성화되었다. 이때의 화산암은 감람석현무암, 사장석현무암, 조면현무암 등으로 이루어졌다.

제3분출 단계는 신생대 제4기의 전기에 있었던 유동성 분출로, 푸른봉층 조면암과 조면암질 석영안산암 등이 생성된 시기다. 이 시기의 화산암은 푸른봉, 곽사봉, 북포태산 일대에 분포하며, 최대 두께 400*m*로 누른봉, 두류산, 대각봉 일대에서도 관찰된다.

제4분출 단계는 약 185만 년 전, 80만 년 전, 70만 년 전에 일어난 유동성과 폭발성의 혼합형인 열운분출이었다. 신생대 제4기 전반에 해당하며 백두산통 북설령층 조면암질 석영안산암과 조면유문암이 생성되었다.

제5분출 단계는 신생대 제4기 플라이스토세 후기에 이루어진 유동성 분출이다. 백두산 북포태산층의 조면암질 석영안산암 등과 같은 산성 화산암을 생성시켰다. 조면암질 석영안산암이 백두산, 소백산, 북포태산, 누른봉, 대각봉, 두류산 등의 분화구로 분출되어 종 모양의 거대한 화산체를 이루었다. 주로 중성 및 산성 용암이 약 7회에 걸쳐 분출되어 200~650*m*에 이르는 두꺼운 화산암층을 형성하였다. 이 단계의 분출로 백두산의 높이가 400~500*m* 더 높아졌으며, 해발고도가 2,600*m*에 달하였을 것으로 추정된다.

제6분출 단계는 대평층의 준알칼리 현무암질 용암의 유동성 분출이다. 용암의 양이 많지 않았으며, 백두산 천지 지역에서는 보이지 않는다.

제7분출 단계는 신생대 제4기 플라이스토세 후기인 약 17만 년 전에 일어난 폭발성 분출이다. 이 분출은 주로 기생화산에서 일어났으며, 무두봉층의 알칼리 현무암이 생성되었고, 적갈색의 다공성 현무암스코리아이 보천층이나 북포태산층 상부에 나타났다. 이 단계의 분출을 기점으로 백두산 본체를 제외한 주변 지역에 현재와 유사한 화산 대지가 형성되었으며, 이후의 분출 작용은 백두산 본체에 집중되었다.

제8분출 단계 역시 신생대 제4기 플라이스토세 후기에 일어났다. 폭발성 분출과 유동성 분출이 교차하면서 여러 차례 진행되어 향도봉층의 준알칼리 조면암질 석영안산암이 형성되었다. 백두산 천지 일대에서만 이 시기의 암석이 확인되며 그 두께는 쌍무지개봉 30~35*m*, 향도봉 70~76*m*, 장군봉 100~120*m*, 해발봉 107*m*, 단결봉 51*m*, 낙원봉 23*m*이다.

제9분출 단계는 제4기 플라이스토세 후기에 일어난 유동성 분출이다. 향도봉층을 형성한 제8단계 분출 이후 짧은 기간 동안 분출이 중단되었다가 장군봉층을 형성한 용암이 향도봉층을 절단하면서 분출되었다. 이 분출로 장군봉층의 준알칼리 유문암층이 형성되었다. 백두산 본체의 장군봉, 제비봉, 단결봉, 쌍무지개봉 등에서만 분출이 진행되었다.

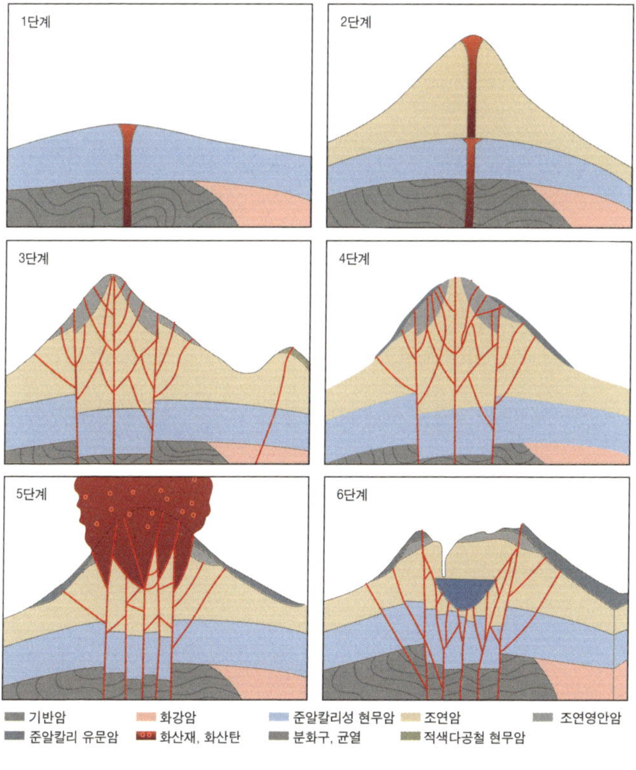

〈그림 1〉
백두산 본체의 형성 과정
(김정배 · 이서행 외, 『백두산』, 한국정신문화연구원, 2010, 174쪽 참조해 다시 그림)

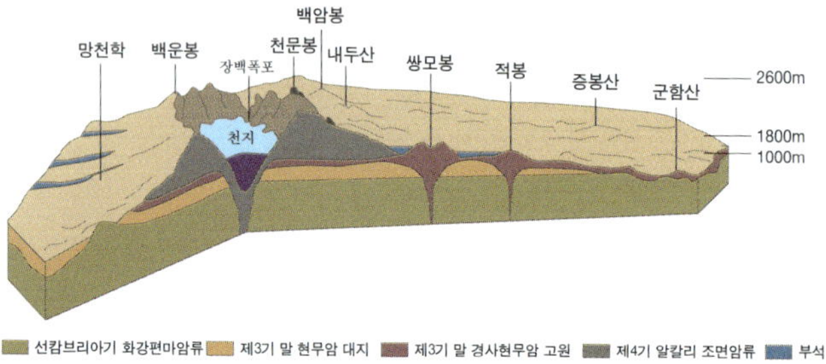

〈그림 2〉
백두산의 수직 단면
(김정배 · 이서행 외, 『백두산』, 한국정신문화연구원, 2010, 175쪽 참조해 다시 그림)

제10분출 단계는 신생대 제4기인 현세에 이루어진 준알칼리 유문암질 용암의 폭발성 분출이다. 다량의 백색 부석이 백두산 산정을 덮어 부석층을 형성하였다. 또한 백두산 천지 주변부에는 회백색 부석층, 흑색 응회암층과 화산 쇄설암층을 이루었다. 부석층에 의해 매몰된 탄화목에 대한 연대 측정 결과 분출 시기는 912~1190년으로 추정된다. 이후 산정 부근이 무너져 지금과 같은 천지 칼데라가 만들어졌다.

백두산 지역의 기반인 용암 대지는 원생대 변성암을 기반암으로 하여, 신생대 제4기 화산암에 이르기까지 오랜 기간을 거쳐 이루어졌다. 대부분의 화산암들은 신생대에 분출되어 생성되었으며, 이전의 지층들은 지표가 침식되어 깎여 나간 곳에서

만 부분적으로 노출되어 있다. 하부 원생대 지층은 백암군, 운흥군, 혜산시 등 백두산 지구의 서부와 동남부에서 관찰되는데, 대부분 흑운모 편마암, 각섬석 편암, 화강 편마암, 규암 등으로 구성되었다. 상부 원생대층은 백두산 지구 동쪽 가장자리에 노출되었으며, 주로 규암, 석회암과 견운모 녹니석질 편암으로 이루어져 있다. 백두산 지구 남서쪽 가장자리에 있는 혜산시 일대에는 주로 점판암과 석회암으로 이루어진 하부 고생대의 지층과 역암, 사암, 석탄층으로 이루어진 상부 고생대의 지층이 분포되어 있다. 하부 중생대 지층은 주로 쇄설성 퇴적암으로 구성되어 있으며, 혜산, 보천, 운응 등지의 백두산 지구 서남부 지표에서 확인할 수 있다.

백두산 지구의 현재 모양을 형성하게 된 신생대 지질 활동을 살펴보면 약 3천만 년 전인 신생대 제3기 올리고세부터 약 250만 년 전인 제4기 플라이스토세 초까지 백두산 주변 일대에 염기성 마그마 분출 작용이 강하게 진행된 결과 백두산 용암 대지가 이루어졌으며, 이후 백두산 본체를 제외하고는 대부분의 지역에서 화산 활동이 중단되었다. 이어서 10여만 년 전인 신생대 제4기 플라이스토세 후기에 백두산 지구에서는 강한 지각 운동에 의하여 심부단열대들이 재활성화되었으며, 이에 따라 중성-산성 마그마의 분출 작용을 위주로 하는 분출이 백두산을 중심으로 진행되었다.

신생대 제3기인 2840만 년 전~311만 년 전에 걸쳐 여러 차례 분출한 현무암층이 백두산 용암 대지를 형성하였다. 중국 동북쪽의 만주 지방을 포함한 용암 대지의 분포 면적은 약 30,000km^2에 이른다. 대부분의 용암 대지는 백두산 북쪽의 중국 지린성 푸순현, 창바이 조선족 자치현 등지에 분포하며, 전체 용암 대지의 1/5만이 우리나라 영역에 위치한다.

백두산 용암 대지는 적어도 6회에 걸쳐 백두산을 중심으로 분출한 염기성 용암이 200~300km여를 방사상으로 흘러내려, 해발고도 약 1,000m 지대에 두께 200~400m의 평탄한 대지를 이루면서 만들어진 것이다. 육안으로 관찰되는 암상은 주로 기공상의 녹흑색 현무암이다.

방대한 면적을 뒤덮을 수 있었던 염기성 현무암이 형성된 이유는 지하 62~67km의 상부 맨틀을 구성하는 암석 중에 있는 칼륨, 루비듐, 우라늄, 토륨 등의 방사성동위원소들이 붕괴하면서 발생한 열에 의해 마그마가 형성되고, 이 마그마가 당시 지표 암석이었던 원생대 화강 편마암류에 있던 수직 방향의 균열 열극 구조을 따라 분출되어 형성된 것으로 해석되고 있다. 이밖에 열곡형 단층 활동에 의한 마그마 분출로 인하여 넓은 지역을 뒤덮는 용암 대지가 형성되었다고 보기도 한다.

현무암 대지 형성 후, 신생대 제3기 말에 추가로 현무암이 분출되어 약 8~12도 완경사를 이루는 현무암 고원이 형성되었다. 이렇게 분출된 현무암은 백두산을 중심으로 양강도 일대와 중국 동북부의 푸쑹무송, 쑹화강, 자오허, 린장, 둔화, 닝안 지방까지 넓게 분포한다. 주로 현무암으로 구성되어 있으며, 드물게 알칼리 조면암, 용회암질 집괴암이 관찰되기도 한다.

백두산 심부 열극 구조단열대를 따른 여러 차례의 분출 활동은 적어도 보천 지역에서 13회, 삼지연 지역에서 20회, 최가령 지역에서 10회, 대홍단 지역에서 13~15회가 있었다. 분출된 화산암층 두께는 지역별로 달라 혜산 지역은 30~50*m*, 압록강 상류 지역은 300~450*m*이다. 이 시기 백두산 지역에 분출된 현무암의 분포 면적은 5,250km^2이며, 이 중 중국 쪽 면적은 4,250km^2이다. 이 현무암층은 점성이 낮은 용암의 열극 분출에 따라 이루어진 것으로 앞 시기에 형성된 현무암 대지 위에 순상 화산체를 형성하였다.

신생대 제4기는 백두산 형성 과정의 마지막 시기로 약 61만 년 전부터 비교적 최근까지의 화산 활동으로 현무암 대지 위에서부터 800~1,400*m* 높이로 백두산, 소백산, 북포태산, 두류산 등 35~50도 급경사를 이루는 층상 화산체가 형성되었다. 화산체들은 주로 북서-남동 방향으로 발달한 백두산 심부단열대를 따라 분출된 마그마에 의해 이루어진 것으로 암상 변화와 화학 조성 등과 같은 암석학적 특성 자료와 암석들의 절대 연령 자료들을 종합하면, 하부에서부터 상부로 푸른봉층, 북설령층, 북포태산층, 대평층, 무두봉층, 향도봉층, 장군봉층, 천지층 등 8개 층으로 구분된다. 이 가운데 백두산 본체와 그 주변에서는 무두봉층, 향도봉층, 장군봉층, 천지층 등이 확인된다.

① 무두봉층

대연지봉, 소연지봉, 대각봉, 무두봉, 청봉 일대에 분포하며 주로 현무암으로 구성되어 있다. 일부 산정들과 그 밖의 지층 표면에서는 적색, 적갈색 등을 띠며, 지층 하부로 내려가면서 적색, 적갈색 등이 점차 없어지고 회색, 흑회색 등으로 변한다. 무두봉에 분포하는 다공성 현무암의 연대 측정 결과 무두봉층의 형성 시기는 약 19만 년 전~28만 년 전임이 밝혀졌다.

② 향도봉층

백두산 천지 주변부에서만 나타나는 층이다. 천지 수면에서 350~400m에 있는 흑요석층과 흑색 응회암층준에서부터 외륜산 정점을 포괄하는 범위에 분포하며, 두께는 80~150m이다. 쌍무지개봉에서 나타는 향도봉층은 흑요석층과 부석층으로 구성되어 있다. 해발봉 하부에는 조면암과 조면암질 석영안산암이 분포한다. 향도봉층의 형성 시기는 13만 년~10만 년 전이다.

③ 장군봉층

장군봉층도 향도봉층과 마찬가지로 백두산 천지에서만 관찰되는 지층이다. 천지 칼데라 외륜산의 중요 봉우리들인 장군봉, 쌍무지개봉, 해발봉, 단결봉 등의 정점과 백두산 남쪽 사면에 약 10*m* 두께로 덮여 있다. 지층을 구성하는 화산암은 유동성 용암의 분출산물이며, 향도봉층과 구별되는 준알칼리 유문암질 암석이다. 분출된 용암이 급격히 냉각되면서 이루어진 흑요석, 부석상 진주암과 같은 암석들도 나타난다. 이 층은 약 8만 8천 년~5만 7천 년 전에 이루어졌다.

④ 천지층부석층

백두산의 가장 상층부, 즉 가장 최근에 형성된 지층이다. 하부로부터 상부로 회백색 부석층, 흑색 응회암층, 화산쇄설암층 등으로 구성되어 있으며, 이 가운데 회백색 부석층이 대부분을 차지한다. 지역적으로 화산재의 퇴적양에 따라 층의 두께가 달라지고 수십 센티미터에서 20~30*m*로 불규칙하게 덮여 있다. 가장 하부의 회백색 부석층은 천지 주변뿐 아니라 백두산 일대에 걸쳐 나타난다. 부석의 입도는 최고 50~70cm되는 것도 있으나 대부분 0.1~5cm 정도이다.

부석의 입도와 층의 두께는 천지 부근이 가장 크고 두꺼우며, 천지에서 멀어지면 입도가 작아지고 두께도 얇아진다. 부석은 수밀리미터의 작은 기공들이 많은 해면상 구조를 가지고 있으며 비중은 0.3g/cm³~0.9g/cm³로 매우 가볍다. 흑색 응회암층은 천지 칼데라의 동쪽, 백두산 사면의 골짜기들과 토문강, 압록강, 두만강 등의 골짜기들에만 분포하며, 층의 두께는 보통 5m를 넘지 않는다. 이 층은 회백색 부석층 위에 놓여 있으며, 층 내부에 백색 부석을 포획하고 있는데, 이는 부석층보다 후기에 생성된 지층임을 보여준다.

화산 쇄설암층 역시 부석층 위에 놓여 있으며, 층의 두께는 3m 이내로 나타난다.

2) 백두산 지구의 지질 구조

백두산 일대의 지질 구조는 신생대 제3기와 제4기의 구조 운동과 화산 활동의 결과로 형성되었다. 연속적인 화산 활동의 특성상 모든 화산층들은 순차적인 수평적 누층을 이루고 있으며, 일부 마그마 분출의 양적 차이와 지형적 특성에 의해 결층이 있는 경우도 있다. 지표에 노출된 오래된 화산암층들은 최근 분출한 화산암층이 지형적 영향으로 쌓이지 않았거나 침식에 의해 지표로 노출된 것이다. 예를 들어, 천지 주변의 지질도를 살펴보면, 지형적인 구배의 차이와 침식 정도의 차이에 의해서 비교적 최근에 분출한 부석층과 쇄설성 조면암, 석영 조면암층이 보다 오래된 층들을 덮어쓰고 있는 양상이 뚜렷하게 나타난다.

지체구조학적 관점에서 볼 때 백두산 지구는 동쪽의 두만강 습곡대와 남서쪽의 혜산-이원 분지 사이에 위치하는 마천령 융기대에 속한다. 오랜 지질 시대를 거치면서 형성된 백두산 지구에는, 특히 중생대 말과 신생대 동안에 일어난 구조 운동으로 양강도를 중심으로 수많은 단열대 및 단층들이 발달하고 있다. 이같이 백두산 지구의 지질 구조는 화산 지형 형성과 관련된 단열 구조가 특징적이라 할 수 있다. 그러나 지표에 노출된 단열 구조는 대부분 명확하지 못하고, 길이가 짧은 선형 구조로 나타난다. 그 이유는 백두산 화산대의 기반이 되는 현무암 대지가 형성되기 이전에 발달한 단열 구조를 통해 분출한 현무암이 뒤덮여 있으며, 이 단열 구조들은 신생대 제3기~제4기를 거치면서 일어난 신기지체 구조 운동에 의해 선형 구조로 변형되었기 때문이다. 이와 아울러 백두산 지구에는 규모와 형태가 다른 수많은 단열대가 발달하였다. 주 단열대는 백두산 단열대, 서두수 단열대, 대각봉 단열대, 대진평 단열대, 보서리 단열대, 소백산 단열대, 후창-백두산 단열대, 중강-백두산 단열대 등이다.

3) 백두산 지구의 지체 구조 운동

백두산 지구의 지형 구조는 다른 지역보다 매우 복잡하며, 지형의 고도 차이도 1,000~1,500*m*로 기복이 매우 심한 편이다. 이러한 복잡한 지형 구조는 신생대의 지체 구조 운동에 의해 이루어진 것이다. 신생대에는 화산 활동과 병행하여 지체 구조 운동도 활발히 진행되었다. 신생대 지체 구조 운동은 융기와 침강 작용, 단열 운동과 화산 분출 작용 등 현재의 지표에 나타나는 지질 구조를 완성시킨 운동으로 비교적 최근까지 진행되었다. 현재 지형의 골격을 이루는 지형-지질 구조는 심부지질 작용의 산물이며, 일반적인 융기-침식-삭박削剝, 깎이고 떨어져 나감작용에 의해 생기는 지형과는 다른 개념이라 할 수 있다.

백두산 지구의 현재와 같은 지형 구조는 선상 혹은 블록형 융기 작용과 침강 작용 등에 의해 형성되었다. 맨틀 물질이 상승하여 지각으로 침투하여 지각이 융기하게 되고, 더불어 지각 표면에 장력이 작용하였다. 이러한 지체 구조 운동에 의하여 백두산 심부단열대가 재활성화되어 백두산 일대에는 지구대 형태의 분지들이 형성되고, 마그마 분출 활동이 다시 활발하게 발생하였다.

지체 구조 운동에 의한 특징적인 단열대들의 방향은 북동 방향과 북서 방향이며, 북동 계열의 단열대들이 북서 계열 단열대들보다 상대적으로 늦게 형성된 신기 구조이다. 이러한 선형 단열구조들에 의해 백두산 지구의 지각은 여러 블록으로 나뉘어졌으며, 특히 북서 계열의 단열 구조를 경계로 한 선상 융기 작용과 침강 작용에 의하여, 선상 융기 구조, 선상 침강 구조, 계단형 블록 구조들이 형성되었다. 계단형 블록 구조는 계단형 단층계를 경계로 지구대와 지루대로 이루어져 있다. 선상 침강 작용은 서두수 단열대와 백두산 단열대 사이에서 진행되었고, 선상 융기 작용은 백두산 단열대 서쪽에서 진행되었다. 블록형 구조 운동은 북동 계열의 단열대들과 북서 계열의 단열대들에 의하여 둘러싸인 구역에서 진행되었으며, 맨틀 물질의 상승에 의한 지각의 변형 운동이었다.

신생대 제3기~제4기를 거치면서 백두산 지구는 최대로 융기되었고, 백두산, 포태산, 누른봉, 백암 지역 등에서 융기로 인한 고리 형태의 구조인 방사상 단열 구조와 환상 단열 구조들이 형성되기 시작하였다. 지구대는 지각의 약한 부분으로, 화산 분출 활동을 일으킬 수 있는 구조적 환경을 제공한다. 이러한 지구대를 따라 중심형 분출과 선형 분출에 의해 형성된 현무암층들은 백두산 용암 대지를 이루었으며, 주로 지구대 주변부에서 화산 쇄설암층과 호층을 이루고 있다. 이 시기에 형성된 현무암층 두께는 50~600m로 지역별로 심한 편차를 보인다. 이는 현무암의 분출 이전에 있었던 지형의 기복에 따라 현무암층의 두께 차이가 생겼기 때문이다.

3

백두산의 **암석**과 **토양**

가. 백두산 지구의 암석

신생대 제3기~제4기 최근세에 이르기까지 지속되었던 화산 활동의 결과 만들어진 백두산 지구의 암석은 주로 화산암이다. 제3기에 분출된 염기성 현무암으로 이루어진 용암 대지 위에, 제4기에 수차례 분출한 중성 및 산성 화산암으로 이루어진 층상 화산체들이 형성되어 있다. 이 층상 화산체들은 주로 백두산과 두류산을 연결하는 북서 방향의 백두산 단열대를 따라 분포되어 있다.

백두산 지구에 분포하는 다양한 화산암 가운데 가장 많은 부분을 차지하는 현무암은 감람석, 휘석, 사장석 등과 같이 마그네슘 함량이 높은 광물을 주성분으로 하며, 치밀한 암석 조직을 갖고 있다. 현무암은 크게 감람석질 현무암과 장석질 현무암으로 양분되며, 현무암에 포함된 광물의 종류에 따라 다양한 종류로 세분된다. 감람석질 현무암은 조면 현무암, 조면암 등 알칼리 암석 계열로 다시 나누어지고, 장석질 현무암은 안산암질 현무암, 안산암 등과 같은 칼크-알칼리 암석 계열로 세분된다. 그러나 염기성 화산암의 유형은 연구 지역에 따라 조금씩 차이가 있어 중국 영역에 속하는 백두산 북쪽 지역은 성분에 따라 현무암, 조면 현무암, 현무암질 조면안산암, 현무암질 안산암 등으로 구분된다.

백두산 지구 화산암들의 분포 양상을 보면 다음과 같은 특징을 찾을 수 있다.

첫째, 수직 및 수평적인 대상 분포를 보인다. 백두산 본체에서 가까울수록 생성 시기가 최신인 신기 화산암이며, 멀어질수록 생성 시기가 오래된 고기 화산암이 분포되어 있다. 암석의 조성도 산성암에서 염기성암으로 변화하는 대상 분포를 보인다.

둘째, 대부분의 지역에서 화산암의 화학 조성이 하부에서는 준알카리 계열에 속하는 염기성 화산암, 상부에서는 산성 화산암이라는 양태성 분포를 보인다. 하부층준의 제3기의 현무암, 그 위의 제4기 플라이스토세의 현무암, 상부층준의 화산암으로 갈수록 암석의 고화지수는 점점 감소하여 산화규소의 함량은 증가한다. 대부분의 지역에서는 중성의 화산암 성분이 결여되어 있다.

나. 백두산 지역의 토양

백두산 지구의 토양은 백두산 일대의 지형과 지질, 기상과 수문 등과 같은 자연환경의 영향을 받으면서 오랜 세월 변화하였으며, 최근 형성된 토양뿐 아니라 과거 지질 시대에 형성된 고기 토양들도 확인된다.

고기 토양에는 매몰 토양과 흔적 토양이 있다. 매몰 토양화석 토양은 과거 지질 시대에 형성된 후 지하에 묻혀 지표의 환경과 격리되어 있는 토양이며, 최근에 형성된 토양과 명확히 구분된다. 흔적토양은 과거 지질 시대에 형성되었지만, 최근 토양 형성 과정과 중첩되어 변화한 토양이다. 매몰된 고기 토양층을 뒤덮은 부석층 두께가 1*m* 혹은 최소 50*cm* 이상인 지역에서 고기 토양이 잘 보존되어 있다.

보존 상태가 좋은 고기 토양은 현무암 기반암과 일부 퇴적층 상부에 존재한다. 고기 토양의 하부는 갈색 또는 황색의 점토질 풍화토로 구성되어 있고 상부에는 과거 울창한 산림 환경에서 형성된 식물성 유기물이 풍부한 부식층이 발달되어 있다. 고기 토양은 분화구에서 부석이 폭발적으로 분출하여 토양층을 뒤덮음에 따라 고기 토양 발달1차 토양 발달 단계이 중단되었다.

부석층 형성 이후부터 백두산 일대에서는 새로운 화산 기원의 토양 발달 단계2차 토양 발달 단계가 시작되었다. 2차 토양 발달 단계에 해당하는 비교적 최근에 발달한 토양은 초기 토양 형성 과정을 거쳐 하부에 부식층이 발달하였다. 일반적으로 습윤한 환경에 있는 비화산 지대의 토양화 과정은 퇴적층 상부에서 하부로 진행된다. 그러나 부석층에서는 토양 형성 과정이 반대 방향으로 진행되어 하부에서 상부로 토양화 작용이 이루어진다.

해발고도가 높은 지역에서 발달하여 매몰된 고기 토양에서는 2차 토양 발달 단계에서 형성된 토양에서 볼 수 없는 몇 가지 특징이 나타난다. 검은색, 적갈색, 혹은 황갈색 등의 얇은 렌즈 모양의 암편들, 동결풍화를 받은 것으로 보이는 얇은 부석층, 현저한 균열과 판상 구조 그리고 다공성 현무암역과 일부 구형의 역석자갈들이 고기 토양층에 나타난다. 이는 동결 작용이 있었음을 가리키는 것으로 빙하에 의해 다른 곳에서 운반되어 온 빙성퇴적물과 유사한 점을 갖는다.

1) 탄화목을 이용한 고토양의 매몰 시기 확인

백두산 기슭에는 고기 토양층에 뿌리를 내리고 자라다가 부석층과 화산재에 의해 매몰된 탄화목들이 많이 발견되며, 일부는 나이테 훼손 없이 원형을 그대로 유지한 채 화석화되어 있다. 이 탄화목들은 탄화 정도에 따라 매몰 직전까지의 성장 상태를 알려주는 최외곽 나이테의 보존 상태가 달라지므로 탄화도가 높을수록 오래된 연대를 나타내게 된다. 탄화목의 매몰

〈그림 3〉
백두산 탄화목

시기, 즉 고토양의 매몰 시기는 백두산 일대에 부석층을 형성한 폭발적인 화산 분출 시기와도 일치할 것으로 추정된다. 매몰된 탄화목에 대한 탄소연대측정 자료는 각 연구마다 차이를 보이고 있으나 탄화목에 대한 탄소연대 측정 결과 고기 토양의 매몰 시기는 상대적으로 최근 시기인 기원 후 1150±40년으로 추정된다.

이 시기는 백두산에서 부석층을 형성한 대폭발 시기를 가리키는데, 천지 분화구에서 화산 폭발에 의해 하늘 높이 솟아오른 부석 입자들과 화산재들은 편서풍에 의해 동해를 건너 일본 동북부 지역까지 확산되었다. 특히 일본 북동부 지역에 퇴적된 부석층혹은 테프라층에 대한 연대 측정 결과는 929~945년과 912~972년이다. 이러한 자료와 백두산 기원 부석층 분포의 광역성, 분출의 동시성을 근거로 볼 때 고토양의 매몰 시기는 최대 912~1190년으로 추정된다.

역사에 기록『조선왕조실록』된 백두산 화산 분출 시기는 1597년 8월, 1668년 4월, 1702년 4월 등으로 확인된다. 그러나 백두산 일대의 부석층은 층 내부에 뚜렷한 풍화층이나 매몰층이 존재하지 않는다. 그것은 이 시기의 분출에서는 분출량이 많지 않아 백두산 일대의 생태계에 큰 영향을 주지 않았기 때문인 것으로 보인다.

2) 백두산 지역 토양의 단계별 변화

백두산 일대에는 동결층의 영향과 한랭한 기후 조건에서 형성된 토양, 평탄한 현무암 대지의 다습한 환경에서 이루어진 토양, 표백화된 갈색 토양 등 다양한 토양이 분포한다. 신생대 제4기 후기에 해당하는 현세의 약 2만 년 전부터 급변한 기후 변동과 화산 활동 등과 같은 환경의 변화로 복잡한 토양 구성이 형성되었다. 백두산 지역의 토양 및 토양 특성을 알려주는 식물군의 진화 과정은 다음과 같이 정리할 수 있다.

제1단계는 산악 빙하에 의한 고산 토양 형성과 산림한계선의 하강 시기이고, 제2단계는 빙하기가 끝나는 시점부터 온난한 후빙기까지 진행된 토양 형성과 산림식물대의 순차적인 교체 시기이다. 제3단계는 부석층 퇴적에 의한 종전 식물과 토양의 매몰 시기이며 제4단계는 부석층 토양을 포함한 최근 토양의 완성 시기이다. 이를 보다 상세하게 살피면 아래와 같다.

① 제1단계

5만 년~1만 5천 년 전 신생대 제4기 전기 빙하기 동안의 토양 형성 단계이다. 빙하기의 극대기는 약 1만 8천 년 전이었으며, 연평균 기온은 지금보다 6~8℃ 이상 낮았다. 이 시기는 세계적으로도 대륙빙하의 영향으로 해수면이 낮아져 있었다. 우리나라 주변의 해수면은 지금보다 약 100*m* 정도 낮아 서해안과 남해안 일부도 지표에 노출되어 있었다. 백두산 지역은 산악빙하에 의해 토양대가 고산암설 토양, 고산동결층 토양, 고산초원 토양 등과 같이 수직적으로 재편성되었다. 한랭한 기후였으므로 대부분 지역에서 침엽수림이 성장하고 있었다. 유기물질의 공급이 거의 없었기 때문에 표백성 토양 혹은 표백화가 상당히 진행된 토양들이 형성되어 부석층 하부에 매몰되어 있다.

② 제2단계

전 지구적 빙하의 극대기가 지나고 기후가 조금씩 온난해지는 시기1만 5천 년 전~1만 년 전와 이후 약 1만 년 전부터 시작된 후빙기에 걸쳐 진행된 토양 형성 단계이다. 후빙기의 기후 조건은 지금과 비슷했지만 그 사이에는 온난기와 한랭기가 있었다. 온난기에는 해수면이 크게 상승하여 현재의 서해안과 남해안을 이루었으며, 제주도가 섬으로 분리되어 현재와 유사한 한반도의 해안선 형태가 완성되었다. 후빙기에는 기후 조건이 습윤하여 이끼류를 비롯한 습지식물군뿐 아니라 검은색의 갈매성진흙 토양 및 이탄 토양 형성에 유리하였다. 이탄 토양의 경우 산악빙하가 해빙되기 시작한 1만 5천 년~1만 년 전에 첫 번째 이탄 토양층이 형성되었으며, 후빙기 이후 7천 5백 년~5천 년 전에 두 번째 이탄 토양층이, 3천 5백 년~2천 5백 년 전에 세 번째 이탄 토양층이 형성되었다.

③ 제3단계

912~1190년경 일어난 백두산 화산 폭발로 분출·퇴적된 백색 및 회색 부석층은 이전의 지표면과 식물, 토양층을 완전히 덮어버렸거나 자연환경에 막대한 피해를 주었다. 부석층의 분포 면적은 백두산 지구에서만 약 2천㎢에 달하는데, 부석층 위에서 성장하는 지의류, 선태류, 조류 등으로부터 유기물이 공급되면서 원시 토양이 형성되었다. 이후 지속된 토양화 작용으로 흑색 또는 검은 갈색의 고유한 부식층을 가지는 부석층 토양이 형성되었다. 이어서 부석층 토양 상부로 물이 유입되어 철 성분이 산화됨에 따라 부석층 최상부는 짙은 갈색을 띠고 하부로 가면서 색이 옅어지다가 백색 및 회백색을 갖는 고유한 색을 나타내게 되었다.

④ 제4단계

백두산 일대에서 일어난 두 차례의 큰 변화인 고산빙하에 의한 고기후 변동과 화산 분출에 의한 환경 변화를 거쳐 안정된

식물 군락과 토양대가 형성되는 시기이다.

백두산 지역의 토양 유형별 모습을 정리하면 다음과 같다.

① 고기잔적 토양

현무암이 풍화되어 발달한 토양이다. 지금부터 약 2천 5백만 년 전 신생대 제3기에 아열대 기후와 준평원 환경에서 형성된 토양으로 이후 10만 년 전의 신생대 제4기까지 진행된 지체 구조 운동으로 지형이 융기되었을 때 현재와 유사한 고도에 도달하였다가 부석 분출로 매몰되어 있다.

② 고산 토양

고산암설 토양, 고산 동결층 토양, 고산 초원 토양 등과 같이 한랭한 기후 조건에서 형성된 토양이다. 신생대 제4기 1만 8천 년 전 전후 빙하의 극대기에 형성되었다. 특히 고산암설 토양은 일정한 입자 크기의 분급이 고르지 못하고 표층에 자갈들이 많으며, 세립의 토양 입자가 드물다. 고산 동결층 토양은 빙하기 초기약 4만 4천 년 전부터 시작하여 주로 1만 8천 년 전후에 형성되었다.

③ 표백성 토양

토양의 진화 발전 단계 중 제1단계와 같은 빙하기 환경의 산림한계선 고도약 1,500~2,200m에서 유기물의 공급이 원활하지 못한 상태에서 만들어진 토양이다.

④ 표백화 갈색 토양

후빙기부터 기후가 온난해지면서 침엽수와 활엽수 혼합대가 우세해진 환경에서 형성되었다. 후빙기 시기에는 온난기와 함께 세 차례의 한랭기가 있어 기후 변화에 따라 산림대의 수직 변화도 컸다. 이러한 조건에서 토양의 유기물 공급이 변화하면서 토양의 산성화와 염기성화에 따른 표백화 현상이 나타났다.

⑤ 고기 갈매성 토양, 갈매성 표백화 갈색 토양, 이탄 토양

후빙기 이후 기온 상승과 습윤한 환경으로 인하여 갈매성 토양과 이탄 토양이 형성되었다. 배수가 나쁘고 고인물의 영향을 받는 일부의 현무암 대지 표면에서는 갈매성 표백화 갈색 토양이 발달하기도 하였다. 장기간의 표백화 작용으로 철 성분이 배출되고 낮은 인 함량과 높은 티탄 함량을 보이는 백색 갈매층을 포함하는 고기 갈매성 표백

화 갈색 토양도 형성되었다. 백색 갈매층의 존재는 현재에도 발달하고 있는 갈매성 토양과 고기에 형성된 갈매성 토양을 구분하는 기준이 된다. 이탄 토양도 후빙기 이후 습윤한 환경에서 형성되었으며, 이탄 토양의 면적은 지금도 계속 확대되고 있다.

⑥ 부석층 토양

백두산 일대 전체 토양 면적의 44%를 차지하는 기본적인 토양이다. 912~1190년에 있었던 화산 분출로 형성된 부석층을 모암으로 발달하였다.

⑦ 부석질 표백화 갈색 토양

부석층의 지속적인 토양화 작용으로 흑색 혹은 갈색의 부식층을 포함하는 부석층 토양으로 발달하였다가 지속적인 물의 유입으로 철 성분이 배출되어 표백화된 토양이다.

⑧ 갈색 및 암갈색 토양과 밭 토양

주로 후빙기와 부석 분출 이후부터 자연환경과 인간 활동의 영향으로 진화·발전한 토양이다. 갈색 및 암갈색 토양은 활엽수림에서 부식물질의 색과 조성에 따라 세분된다. 밭 토양은 자연 토양이 농경지로 개간되면서 형성되었으며, 자연 식물상이 재배 식물상으로 변하고 토양에 남겨지는 유기물질의 양과 조성도 변하게 된다.

4

백두산의 **기후**

백두산 지역은 높은 산악 지형이므로 전형적인 고산 기후의 특징을 보이며, 우리나라에서 가장 춥고 기후 변화가 심할 뿐 아니라 복잡한 기상현상이 나타나는 곳이다. 북쪽으로 넓은 만주평야와 접해 있어 강한 계절풍 영향으로 항상 바람이 분다. 동해에서 생성된 고온다습한 공기와 만주의 저온건조한 공기가 만나 비와 눈이 많이 내리고, 안개와 구름이 자주 끼며, 겨울이 길고, 기온이 낮은 특성을 보인다.

가. 기온

위도에 따른 수평적 기온 차이와 함께 해발고도에 의한 수직적 기온 차이가 크다. 해발고도 차이에 따른 평균 기온 체감률은 100m당 0.6℃이고, 위도 10분당 평균 기온 체감률은 0.26℃이다. 기온 체감률이 가장 큰 시기는 백두산 정상부를 기준으로 하면 겨울철이고, 삼지연에서는 여름철이다.

1) 기온의 일 변화와 연 변화

기온 일교차는 겨울철이 크고 여름철이 작다. 장군봉에서 관측한 자료에 의하면 1월 평균 일교차는 7.5℃로 가장 크며, 7월 평균 일교차는 4.8℃로 가장 작다. 삼지연의 경우 1월 12.6℃로 장군봉에 비하면 1.7배 정도 큰 차이를 보인다.

백두산에서 하루 중 가장 기온이 낮은 시각은 6시이고, 가장 높은 시각은 15시이다. 연중 가장 추운 달은 1월이고, 가장 더운 달은 7월이며, 천지 부근은 8월이 가장 더운 달이다.

장군봉의 1월 평균 기온은 −26.3℃이고, 삼지연은 −17.5℃이다. 장군봉의 경우 평균 기온이 가장 높은 8월 기온은 9.4℃

이며, 삼지연은 7월로 평균 기온이 16.1℃이다. 가장 추운 달과 가장 더운 달의 평균 기온차는 장군봉이 35.7℃이며, 대홍단은 35.1℃이다.

2) 평균 기온의 분포

장군봉의 연평균 기온은 -8.3℃로 우리나라에서 가장 낮고, 세계적으로도 낮은 지역에 속한다. 천지호반의 연평균 기온은 -3.5℃로 장군봉과 천지호반 사이에 4.8℃의 차이가 있다.

백두산 지구에서 연평균 기온이 0℃ 이상인 지역은 남포태산의 남서부, 압록강 유역, 이명수 부근, 대홍단 지역의 해발고도 1,200*m* 이하인 지역이다.

소백산 일대와 쌍두봉을 연결하는 경계선에서 백두산 마루 사이의 지역, 북포태산 및 남포태산의 마루 지역은 연평균 -1℃ 이하를 보인다.

계절별 평균 기온의 추이를 보면, 백두산 지구의 봄은 5월 말에 시작된다. 일평균 기온이 0℃ 이상으로 올라가는 시기는 4월 초~5월 말이며, 5월 평균 기온은 장군봉이 -1℃로 가장 낮으며, 대홍단 지구가 10℃로 가장 높다. 6월 평균 기온은 장군봉

4.7℃, 삼지연 12.4℃, 대홍단 지역 14.4℃이다.

여름인 7월과 8월 중 월평균 기온이 가장 높은 달은 7월로 7.2~17.8℃를 보여 지역별 차이는 약 10.6℃에 달한다. 기온이 가장 낮은 곳은 7.2℃인 장군봉과 포태산 지역이며, 비교적 높은 지역은 대홍단18.2℃, 무두봉13℃, 삼지연16.1℃ 등이다. 7월 장군봉의 평균 기온은 천지호반11.6℃에 비해 약 4.4℃ 낮다. 장군봉은 가장 더운 달이 8월로 평균 9.4℃이며, 이 시기 천지호반은 11.8℃로 장군봉보다 2.4℃ 높다.

가을인 9월과 10월에는 백두산 지구의 기온이 급격히 낮아진다. 10월 평균 기온이 가장 낮은 지역은 백두산 본체로 장군봉은 평균 −7.5℃이며, 해발고도가 2,000*m* 이상인 백두산 능선에서는 약 1℃이고, 해발고도가 낮은 압록강 유역은 4℃ 정도를 보인다. 가을철에는 온도 변화가 심하고, 기온이 내려가는 속도는 봄철 기온 상승 속도보다 빠르지만, 월평균 기온은 봄철보다 높다.

겨울에는 우리나라에서 가장 추운 곳이 되며, 1월 장군봉 지역은 −26.3℃, 천지 −20.2℃, 무두봉 −23.3℃, 삼지연 -17.5℃이다. 1월 평균 기온이 비교적 높은 곳은 대홍단 지역으로 −16.9℃이며, 이는 장군봉에 비하면 9.4℃, 천지에 비해서는 3.3℃ 높다.

3) 최고 기온과 최저 기온

백두산 지구의 가장 높은 연평균 기온은 −5~11℃ 범위에 있다. 최고 연평균 기온은 해발고도에 반비례하여 낮아지며, 삼지연이 6.2℃, 백두산 기슭은 6.1℃이다. 가장 낮은 장군봉은 −4.9℃이고, 포태산 일대는 1~2℃이다. 해발고도 2,600*m* 이하 지역은 최고 연평균 기온이 영상이며, 대홍단 지역과 압록강 유역 저지대는 최고 연평균 기온이 비교적 높은 곳으로 대홍단 지역 9.9℃, 삼지연과 무두봉 부근 5.6~5.8℃를 보인다. 기상 관측 이래 최고 극기온은 백두산 기슭이 30.7℃, 백두역 22℃, 대홍단 30.7℃였다모두 7월. 장군봉은 18℃, 천지호반 26.9℃, 삼지연 30.5℃였다모두 8월.

백두산 지구의 최저 연평균 기온은 −16~−4℃의 분포를 보인다. 최저 연평균 기온이 가장 낮은 지역은 장군봉으로 −16℃이며, 신무성과 무두봉 지역은 −12~−10℃이다. 압록강 유역 저지대의 최저 기온은 상대적으로 높은 편이다.

백두산 지구의 연중 최저 월평균 기온이 0℃ 이상인 기간은 약 5개월 정도이며, 1월 평균 최저 기온은 장군봉 −29.5℃, 천지호반 −24.5℃, 백두산 기슭 −27.3℃, 삼지연 −24℃, 포태 지역 −30.5℃이다. 7월 평균 최저 기온은 해발고도 1,000*m* 이상인 계곡과 해발고도 1,000m 이상인 경사 지역, 산마루에서는 11℃ 이하이며, 중간 지대에서는 11~13℃, 압록강 유역의 저지대는 13~16℃ 정도이다.

백두산 지구의 최저 극기온은 대체로 1월이나 2월에 나타나는데 장군봉은 −47.5℃, 천지호반 −38.3℃, 삼지연 −43.2℃, 백두역 −37℃, 백두산 기슭 −39.4℃이다. 이렇게 낮은 최저 평균 기온과 최저 극기온은 모든 생물체의 활동에 큰 영향을 주며, 장군봉의 경우 1~3월 동안의 동상지수는 1,900 이상으로 공기에 노출된 피부가 동상을 입게 되는 일반적인 동상지수 1,200~1,300보다 훨씬 높다.

일평균 기온의 연간 변화를 보면 해발고도가 높아질수록 연중 일평균 기온이 영상으로 올라가는 첫날은 늦어지고 영하로 내려가는 날은 빨라진다. 백두산 지구에서 일평균 기온이 영상으로 올라가기 시작하는 날은 지역적으로 차이가 커 3월 하순~5월 중순 사이지만 영하로 내려가기 시작하는 날은 비교적 일정하다. 이는 가을철 백두산 지구에 찬 대륙성 고기압의 영향으로 기온 하강이 거의 동시에 일어나기 때문이다. 일평균 기온이 5℃ 이상으로 올라가기 시작하는 날은 4월 중순~6월 하순 사이이며, 장군봉이 가장 늦다. 장군봉에서는 9월 초순부터 일평균 기온이 5℃ 이하로 내려가기 시작하며, 다른 지역은 대체로

10월 상순~하순경 시작한다. 일평균 기온 15℃ 이상 안정적으로 지속되는 날은 장군봉에서는 없고, 백두역 5일 내외, 천지 10여 일, 백두산 기슭 40일, 삼지연 50일 정도이다.

나. 강수

백두산 일대는 우리나라에서 강수량이 가장 많은 지역 중 하나이다. 비, 눈, 우박 등의 형태로 나타나며, 여름철 강수량이 많고 겨울이 적다. 월별로는 7월이 가장 많고, 1월이 가장 적다.

1) 강수량의 특성

강수량의 지역적 차이는 큰 편이다. 1995년 기록에 따르면 천지호반의 강수량은 2,870㎜이고, 장군봉은 2,430㎜인 데 비해 삼지연은 940㎜, 서두수 하류 지역은 600㎜로 상대적으로 적었다.

백두산 지구 강수 일수는 연중 115~210일 정도이며, 지역적으로는 장군봉 210일 내외, 천지호반 195일, 삼지연 170여 일,

포태 지역 150일, 혜산 130일이다. 해발고도가 높을수록 연강수량 가운데 눈이 차지하는 비중이 높아져 삼지연 15%, 신무성 17.3%, 백두산 기슭 20%, 무두봉 24% 정도 나타난다. 계절별 차이를 보면 봄철 17~26%, 여름철 51~63%, 가을철 16~20%, 겨울철 6% 정도의 비율로 나타난다.

2) 눈

백두산 지구는 우리나라에서 눈이 가장 많이 내리고, 강설 기간 역시 길며, 눈이 두껍게 쌓이는 지역이다. 강설 일수는 연간 240일 정도이다. 강수량 중 눈이 차지하는 비중이 크며, 지역별로 눈의 형태도 차이가 있다. 고도가 높은 지역과 기온이 낮은 곳에서는 주로 싸락눈이 내리고, 해발고도가 낮은 지역은 함박눈이 많이 내린다.

백두산 마루 일대에는 비, 우박 등과 함께 눈이 내리는 경우도 많다. 천지 부근에서는 첫눈이 9월 20일경, 삼지연은 9월 말에 내린다. 해발고도가 1,400*m* 이하인 지역은 10월 초순~중순 사이에 첫눈이 내린다. 눈이 쌓여 있는 기간은 해발고도 1,300*m* 이하 지역은 110~150일, 그 이상의 고지대에서는 150~180일 정도이다.

천지 부근은 9월 초순부터 강설이 시작되며, 이듬해 6월 중순까지 약 10개월간 눈이 내려 평균 211일간 눈이 쌓여 있다. 겨울에는 매달 10일 이상, 봄에는 천지 부근이 평균 19일, 장군봉 23일, 백두역 17일 정도 눈이 내린다. 해발고도가 낮은 곳에서는 봄눈이 급격히 감소한다.

백두산 산체의 계곡과 천지의 그늘진 구역에 쌓인 눈은 녹지 않고 거의 영구적으로 쌓여 있다. 적설 두께는 천지호반 평균 2*m*, 백두산 산체 경사면 약 3*m*, 일부 골짜기에는 수십 미터 쌓여 있다. 가장 두껍게 쌓인 곳은 과거 분화구였던 청석봉 소분지, 장군봉 소분지, 차일봉 소분지와 달문곡지 등이다. 이 지역들은 겨울철 북서풍 혹은 북풍에 의해 날린 눈이 쌓이기 좋은 지형적 특성을 가지고 있다. 압록강 상류 백두폭포 계곡과 압록강 발원 지점 골짜기에는 30*m* 이상 쌓인다. 삼지연에서 백두산 마루까지 구간의 적설량은 해발고도가 높아짐에 따라 두꺼워지지만, 바람의 영향을 받는 곳에서는 불규칙적이다.

강설 기간에는 바람도 강하여 눈보라 치는 날이 많다. 산림한계선 이상의 고지대와 백두산 마루에 눈보라가 가장 심하다. 눈보라는 11월에 시작되어 12월에 급격히 많아지고, 3월이 가장 심하다.

5월 중순부터 눈이 녹기 시작하며, 하순에는 대부분 녹는다. 많은 눈이 녹을 때는 큰 비가 왔을 때처럼 천지로 흘러들며, 그 양은 약 730만㎥730만 톤에 달한다.

3) 우박

우박은 백두산 지구 고체 강수의 주요 형태 중 하나다. 적란운과 같은 소나기구름이 형성되었을 때, 백두산 능선에 걸쳐 있는 구름의 하부층이 상승 기류를 타고 빠른 속도로 산정까지 올라가는 과정에서 구름 온도가 급속히 낮아져 구름 입자가 얼음알갱이로 바뀐다. 그러면 이 얼음알갱이들은 소나기구름의 상하 기류 운동 과정에서 지속적으로 커지고, 상승 기류를 타고 올라갈 수 없을 정도로 커진 얼음알갱이들은 지표에 낙하하여 우박이 된다.

백두산 지구의 우박은 해발고도가 높고, 봄가을에 기온이 낮은 지역에서 자주 내린다. 6월에 우박이 가장 많이 내려 연중 40%를 차지한다. 직경이 크고 비나 눈 같은 다른 강수 형태와 동반되는 경우가 많다. 우박 알갱이 직경은 1.7㎝ 내외이나 2~5㎝되는 것도 있다.

4) 서리

가을부터 늦은 봄까지 서리가 내린다. 서리에는 밤에 기온이 내려가면서 국부적으로 발생하는 복사 서리, 만주 지역에서 유입되는 찬 공기에 의해 넓은 지역에서 발생하는 이류 서리, 두 가지 형태가 결합되어 나타나는 복합 형태가 있다.

봄철 마지막 서리가 내리는 시기는 압록강 유역 해발고도 800*m* 이하 지역은 5월 중순경이다. 해발고도 1,000~1,500*m* 지역은 6월 초순 혹은 중순경, 천지 부근은 6월 초순~7월 초순까지 서리가 내린다.

가을철 서리는 해발고도가 높을수록 빨리 내려 천지 부근은 8월 중순부터, 백두산 기슭은 9월 초, 삼지연 부근 9월 중순, 해발고도 800*m* 이하 지역은 9월 하순부터 내리기 시작한다. 가을철 첫서리가 내리는 시기의 차이가 적은 이유는 강한 한파가 백두산 지구 전역에 거의 동시에 영향을 주기 때문이다.

다. 바람

바람은 백두산에서 가장 중요한 기상 요소이며, 백두산의 날

씨는 바람의 영향으로 복잡하게 변화한다. 바람 때문에 기온과 기압이 불균일하게 분포하며, 기압 차이로 다시 바람이 일어난다. 백두산은 북쪽으로 넓은 대륙과 이어지는 지점에 높은 화산체를 이루고 있으므로 항상 바람이 강하게 불고, 계절풍과 상승 기류 영향이 심하다.

풍향은 연중 서풍이 우세하므로 나뭇가지는 주로 동쪽으로 뻗어 있다. 겨울에는 대륙성 고기압에 의해 북서풍이 강하게 불고, 여름에는 아열대성 태평양 고기압의 영향으로 남서풍과 남동풍이 많이 분다.

계절풍이 뚜렷하면서도 풍향의 변화가 복잡하고 지역적으로 풍향의 차이가 크지만, 높은 산마루와 고원지대에서는 계절풍의 방향과 풍향이 대체로 일치한다. 천지 부근의 경우 같은 시간대라도 봉우리, 골짜기, 능선 등의 풍향이 각기 다르게 나타난다. 이 때문에 천지호반에서는 주 풍향을 측정하기 어려운 경우가 있다. 달문 계곡 방향에서 불어오는 북서풍의 기본 방향은 장군봉-향도봉이며, 천지의 서쪽 호반을 따라 부는 바람, 천지를 가로질러 남쪽으로 부는 바람, 천지 북동부 외륜산으로 넘어가는 바람과 향도봉 쪽으로 부는 바람 등으로 갈라진다.

연평균 풍속은 장군봉 10.1*m*/s, 천지 부근 4.9*m*/s, 백두역 7.8*m*/s, 무두봉 5.3*m*/s, 삼지연 2*m*/s, 대홍단 1.7*m*/s 등으로, 해

발고도가 높아질수록 풍속이 증가하는 모습을 보인다. 구체적으로는 1,500~2,000*m* 지역은 연평균 풍속이 3~5*m*/s, 해발고도 1,900*m* 이상인 산마루의 풍속은 연평균 5~10*m*/s이다. 해발고도가 100*m* 높아짐에 따라 풍속은 0.6*m*/s씩 증가한다. 해발고도 2,300*m* 이상인 지역은 연평균 풍속 7~10*m*/s으로, 해발고도 100*m*마다 1*m*/s씩 증가한다. 이에 2,300*m* 지역에는 급격한 풍속 증가로 강풍 구역이 형성되어 있다.

장군봉 지역은 특히 강풍이 심하여 연평균 10.1*m*/s이다. 이는 바람이 강하다고 알려진 제주도에 비해서도 5*m*/s 더 빠른 것이다. 장군봉 지역의 최대 풍속은 60*m*/s이며, 관측된 최대 풍속은 78.6*m*/s로 세계적으로도 드물게 관측되는 강풍이다.

계절별로는 겨울철의 풍속이 빠르고 여름철에는 상대적으로 느리다. 장군봉의 경우 2월 평균 11.9*m*/s이며, 8월은 4.7*m*/s이다. 일반적으로 11월부터 월평균 풍속이 급격히 증가하여 2월에 최대 풍속이 나타나며, 3월부터 느려지기 시작하여 5월에는 평균 7.4*m*/s 정도이다. 6월부터 풍속이 다시 증가하여 7월까지 10.5~10.7*m*/s로 거의 균등한 풍속을 유지한다.

라. 기타 기후 현상

1) 구름과 안개

백두산 지구는 구름 형성의 가장 기본적인 조건인 공기의 상승, 대기의 순환과 복사 냉각이 활발하여 구름이 자주 형성되고 구름의 양도 많다. 천지 일대에는 연중 160일 이상 구름이 낀다. 여름철에는 북서쪽의 만주 지역에서 형성된 수직적운뭉게구름이 남쪽으로 이동하여 백두산 일대를 지날 때 적운이 높은 산봉우리들과 만나 구름층을 형성한다. 하늘에 구름이 없으면 '0', 구름이 가득 찬 경우를 '10'으로 하면, 백두산 지구의 연평균 구름양은 5.4~6.1 범위에 있다. 전체 구름양 가운데 하층운이 차지하는 비율이 약 62.5% 정도로 가장 많다. 하층운은 여름철에 가장 많고, 겨울철에 가장 적다. 맑은 날은 겨울철이 많고 여름철이 적으며, 연평균 맑은 날은 천지호반은 76일, 백두산 기슭 63일, 삼지연 65일, 혜산 62일 정도이다. 흐린 날은 연간 100일 이상으로 일반적으로 겨울이 적고 여름이 많다. 연평균 흐린 날은 삼지연 102일, 천지호반 106일, 백두산 자락 105일, 장군봉 115일이다.

남쪽에서 불어오는 더운 공기와 몽골 지방에서 불어오는 찬 공기가 마주치면서 안개가 자주 발생한다. 낮보다는 비교적 기온이 낮은 밤에 안개가 낀다. 5~10월, 특히 6~9월에 안개가 많으며, 연중 가장 많은 달은 6월과 7월이다. 지역별로 편차가 있어 장군봉은 연평균 242일, 삼지연은 50일 이상 안개가 관측된다.

정상 부근은 해발고도가 높은 백두산 분화구 중심부의 천지와 그 주위를 둘러싼 높은 산봉우리들로 인해 수증기 응결 현상이 나타나 안개가 자주 낀다. 백두산 경사면을 따라 상승한 기류가 산마루를 넘어 분화구 경사면으로 하강하면서 천지 수면으로 이동하고, 천지 수면을 지나면서 습도가 높아진 기류가 분화구 반대쪽 경사면을 타고 이동하면서 기류의 온도가 낮아져 수증기가 쉽게 응결되고 안개가 자주 발생하는 것이다.

백두산이 저기압대에 놓이게 될 경우에도 안개가 자주 발생하는데 대체로 비를 동반한다.

천지 일대의 안개 지속 시간은 평균 6.6시간이며, 안개의 50% 이상은 강한 비바람을 동반한다. 장군봉의 경우 발생하는 안개의 51%는 풍속 7*m*/s일 때 발생한다. 천지 부근의 안개는 매우 짙으며, 가시거리가 5*m* 미만인 경우가 많다.

5

백두산의 **수자원**

가. 강과 하천

백두산 지구는 하천망이 잘 발달되어 있다. 남쪽 경사면에서는 압록강이 발원하여 서해로 흘러가며, 동남쪽 기슭에서는 두만강이 시작되어 동해로 흐른다. 북쪽 기슭에서는 쑹화강이 발달하여 중국 쪽으로 흘러간다. 압록강, 두만강, 쑹화강은 모두 백두산 정상 부근에서 시작되므로 천지에서 흘러나간다고 생각하는 경우도 있었다. 이러한 인식이 국경 하천에 대한 오해로 이어지기도 하였으나 천지에서 시작되는 강은 쑹화강뿐이다.

하천망의 형성과 변화는 화산 활동, 지구조 운동과 기타 여러 가지 지질 작용과 밀접하게 관련되어 있다. 중생대에 형성된 단열대를 따라 하천망의 기본 틀이 형성되었고, 신생대 제3기 초에 백두산 일대가 준평원화되면서 하천망의 변화가 나타났으며, 신생대 제3기 중엽에 이르러 하천망이 완성되었다. 이후 신생대 제3기 말~제4기 초에 걸쳐 일어난 화산 활동으로 백두산의 용암 대지가 형성되고 기존의 하천망은 용암으로 뒤덮였다. 또 이때 화산 활동과 동반된 융기 운동으로 백두산 지구가 융기되면서 새로운 물길이 형성되었고, 침식 작용에 따라 하천망이 새롭게 만들어졌다. 이후 지속적인 화산 분출 작용으로 백두산 형성이 완료되었고, 많은 기생화산들이 생기면서 높은 화산들을 중심으로 방사상 구조선들이 발달하였다. 이러한 변화 과정의 결과 백두산 지구는 현재와 비슷한 형태의 하천망이 형성되었다.

백두산 지구의 하천망은 본류와 지류들의 하곡 방향이 지질구조 방향과 일치하며, 여러 개의 지류를 가진 수계가 발달되어 있다. 백두산-소백산-북포태산-아무산-두류산을 잇는 선을 경계로 동쪽 구역에는 두만강으로 유입되는 지류가 발달하고, 서쪽 구역은 압록강으로 유입되는 지류가 발달하였다.

대부분의 지역에는 두껍게 쌓인 부석층 위에 하천이 있으므로 물이 지표면으로 흐르지 못하고 지하로 스며들어 지표 아래의 제한된 수로를 따라 흐르는 복류천이 발달하였다. 이 때문에 하천 상류에서는 물이 흐르는 방향이 명확하지 못한 경우가 많다. 또 하곡이 좁고 깊어 유속이 비교적 빠른 하천들이 구불구불 흘러가므로 지속적인 침식 작용으로 하곡이 깊게 패여 형성된 우곡이 발달한 모습을 보인다.

1) 두만강

두만강은 연장 547.8㎞, 유역 면적 3만 2,920㎢이며, 이 중 우리나라에 속하는 유역 면적은 10,550㎢이다. 대표적인 지류는 석을천, 소홍단수, 서두수 등이다. 대각봉해발고도 2,100m 남쪽에서 발원하며 무두봉 북쪽 기슭을 지나 동쪽으로 흐르다가 백두산 용암 대지와 백무고원 사이에서 먼저 석을천이 합류하고, 약 10㎞ 하류 지역인 대홍단 지역에서 소홍단수, 이후 서두수가 합류한다.

두만강 상류 지역의 평균 해발고도는 1,300m이며, 하천의 물 공급원은 고산지대 하천의 특성을 가진다. 즉, 기본적인 물 공급원은 강수이며, 눈이 녹은 물과 지하수에 의한 공급도 적지 않다는 의미이다. 기본적인 물 공급원이 강수이지만 강수에 의해 공급된 물은 곧바로 지표를 따라 흐르지 않는다. 두만강 상류 유역의 바닥은 공극이 많은 부석층으로 두껍게 덮여 있을 뿐 아니라 일일 강수량도 적어 공급된 물 대부분이 지하로 스며들기 때문에 직접 지표면으로 흐르는 양은 많지 않다. 따라서 지하수가 높은 비중을 차지한다.

지하수의 유형은 네 가지로 나뉜다. 첫째 유형은 분출 시기가 다른 두 현무암층 사이에서 흐르는 층간수형이며, 둘째 유형은 겨우내 지하에 얼어 있던 얼음이 녹아서 지하수로 흐르는 형태이다. 셋째 유형은 파쇄대를 따라 흐르는 지하수형이고, 넷째 유형은 비와 눈 녹은 물이 지하에 스며들어 있다가 지하수로 흐르는 층간수형이다. 두만강에 유입되는 지하수 유형은 둘째와 넷째 유형의 비중이 가장 높은 편이다. 지하수 유출량이 가장 많은 달은 8월이고, 최소인 달은 2월이다.

서두수는 두만강의 가장 큰 지류로 백두산맥과 함경산맥 교차 지점해발고도 2,000m에서 시작되며, 총 연장은 173.1km이다. 두만강 최상류보다 먼저 형성되어 초기에는 쑹화강으로 흘러들었다가, 화산 활동과 지각 변동에 의해 현재 발달되어 있는 구조선 방향으로 백두산 용암 대지의 동쪽 가장자리를 따라 두만강으로 유입된다. 상류와 하류의 해발고도는 1,000m 이상 차이가 나며, 하곡의 기울기가 심하고, 유역의 평균 해발고도는 1,402m로 매우 높다.

소홍단수는 백두산 지구의 두만강 수계에서 두 번째로 큰 지류로 길이는 76.5㎞이다. 북포태산 북쪽 기슭에서 발원하여 대홍단 지역에서 두만강에 합류한다.

삼지연 지역에서 시작하는 석을천은 두만강 지류 중에서 가장 작은 규모로 길이는 17㎞이다. 두만강 본류와 최상류 지역에서 합류한다.

2) 압록강

압록강은 연장 803㎞로 우리나라에서 가장 긴 강이다. 유역면적은 63,160㎢이며, 우리나라 영역에 속하는 면적은 31,226㎢이다. 백두산 화산대와 중국 마안-장안령 화산대 사이의 넓은 지역의 물이 모여들어 유출량이 매우 많은 편이다.

압록강의 기원은 천지이다. 천지의 물이 지하로 흐르다가 백두산 남동쪽 기슭 해발고도 2,155m 지점에서 다시 샘으로 솟아오르는데 이 샘이 압록강의 발원점이다. 천지의 물과 이온 성분 함량 및 수소 이온 농도 등 물의 기본적 특성이 일치한다. 강수가 많은 여름철에는 위치를 명확히 알기 어려우나 겨울철에는 얼지 않고 지속적으로 샘물이 분출하므로 쉽게 발원점을 찾을

수 있다.

발원점에서 하류 쪽으로 약 13km 구간은 지류가 거의 없고 남북 방향으로 곧게 흐른다. 이후 점차 하곡이 넓어지며 작은 굴곡들이 복잡하게 나타난다. 지류 중 하나인 원골천이 합류하는 지점에서부터 남동쪽으로 방향이 바뀌어 1~1.5km 정도 심한 굴곡을 이루면서 이명수 합류 지점까지 흐른다.

압록강 발원처에서 원골천 합류 지점까지 약 17km 구간의 해발고도 차이는 620m이며, 원골천 합류 지점에서 이명수 합류 지점까지 약 23km 구간의 해발고도 차이는 400m이다. 이 구간은 하곡 바닥 경사가 매우 심하고 측벽 역시 험할 뿐 아니라 바닥이 계단상을 이룬 곳이 많아 곳곳에 크고 작은 폭포가 형성되어 있다.

압록강 본류는 보천 지역을 경계로 상류는 하곡 바닥에 고기암석이 노출되지 않고 현무암 암반으로 이루어져 있다. 보천에서부터 하류는 하곡 바닥에 용암 대지를 이루는 현무암의 하부층인 고기암석이 노출되어 있고, 양쪽 사면에 높이 7~15m와 20~30m인 두 개의 하안단구가 형성되어 있다.

월별 수량 변화를 보면 9~2월까지는 유출량이 감소하여 2월이 가장 적으며, 4월부터 증가한다. 눈 녹는 시기가 해발고도에 따라 다르므로 봄철 유출량은 그리 많지는 않은 편이다. 압록강 발원점 부근은 5월 중순~5월 말 사이에 본격적으로 눈이 녹기 시작하고, 소백수에서는 4월 중순부터 눈이 녹기 시작한다. 3~8월까지 유출량이 증가하여 8월에 최대를 기록하고 이후 점차 감소하여 2월에 최소가 된다. 최상류로 올라가면서 부석층과 지형적 영향으로 지하수에서 공급되는 물의 양이 증가하므로 봄철과 여름철 유출량이 상대적으로 많아진다.

3) 쑹화강

쑹화강은 백두산 천지에서 직접 발원하여 백두산 지구의 중국 영역을 흘러서 중국과 러시아의 경계를 따라 흐르는 헤이룽강아무르강과 합류하는 강이다. 길이는 1,190㎞, 유역 면적은 144만 3,090㎢이다. 대표적인 지류로는 얼다오바이허, 넌강, 후란하, 무단강 등이 있다.

상류인 백두산 일대에서는 북서쪽으로 흐르고, 지린성 북서부의 쌴차하에서는 남쪽으로 흐르는 넌강과 합류하여 북쪽으로 유로가 변경되며, 북동쪽으로 계속 흐르면서 하얼빈 지역에서 후란하와 합류하여 다시 이란현 지역에서 무단강과 합류한다. 이후 동만주산맥의 북쪽 가장자리와 샤오싱안링산맥 사이를 가로질러 자무쓰를 지나 헤이룽장성 북동부 지역에서 본류인 헤이룽강으로 합류한다. 쑹화강은 평평한 만주 평원의 특성으로 인하여 오랜 시간에 걸쳐 큰 사행천으로 변화하였다.

상류 지역은 삼림자원이 풍부한 백두산 일대이며, 평만 지역에 인공호수인 쑹화호저수량 110억 톤를 조성하여 발전, 관개, 양어 및 하류의 홍수 조절 등을 하고 있다. 1월 전부터 3월 이후까지 약 5개월 동안 결빙되며 봄철에 눈 녹은 물이 유입되면서 유출량이 급격히 증가한다.

쑹화강은 중국 동북부 지역 최대의 내륙 수운로로 하얼빈에서 지린성까지 항행이 가능하며, 넌강을 따라 치치하얼까지 항행할 수 있다. 나아가 오오츠크해까지 수로가 연결된다. 수상교통의 중심은 하얼빈이다.

나. 호수

백두산 지구에는 산정의 분화구에 있는 천지를 비롯하여 수십 개의 호수와 못이 분포하며, 그러한 호소湖沼의 총면적은 64만 8,600㎢에 달한다. 이 중 호수는 분화구에 물이 고여 형성된 화구호들과 언색호 및 습지성 호수들이며, 못들은 대부분 삼지연군과 대홍단군 일대에 분포되어 있다.

화구호는 천지를 비롯하여 모두 8개인데 천지를 제외하면 대부분 기생화산에 의해 생긴 화구호들이다. 자연 호수의 주요 유형은 언색호로 주로 습지성 호수 형태로 나타나며, 화산 활동의 결과로 물길이 막혀 형성되었으며, 생성 이유에 따라 수심 차이가 크다. 천지를 제외한 대부분의 화구호들은 평균 수심이 10*m* 이하이며, 삼지연 등 습지성 자연 호수들은 수심 4*m* 이하이다.

유출 유형별로 방수성, 비방수성, 혼합형 호수로 구분하기도 한다. 호수의 수는 방수성 호수가 많으나 해발고도가 높고 평탄한 용암 대지에 분포되어 있는 비방수성 호수의 면적이 넓다.

1) 천지

신생대 제4기의 플라이스토세 후기에 현재와 비슷한 형태로 백두산 화산체가 형성된 후, 약 1천 년 전 폭발성 대분출에 의해 백두산 화산체 중심 부분의 화구가 함몰되어 칼데라가 만들어졌다. 이 칼데라에 빗물과 지하수가 모여 칼데라호인 천지가 형성되었다.

〈그림 4〉
백두산 천지

천지의 연안은 대부분의 칼데라호와 마찬가지로 급사면이며, 해발고도 2,500*m* 이상의 24개 봉우리로 이루어진 외륜산에 의해 둘러싸여 있다. 천지의 바닥은 평평하며, 호수 표면의 형태는 원형에 가깝다. 천지의 수심은 최대 384*m*평균 213.3*m*로 세계적으로도 매우 높은 곳에 위치한 호수이다. 저수량은 20억 톤이다. 천지의 둘레는 14.4㎞이고, 최대 폭은 3.6㎞이며, 면적은 9.2㎢에

이른다. 분화구 전체 면적 대비 천지의 비율은 40.6%이다.

지하수에 의해 공급되는 양이 전체의 61.5%이며, 강수에 의한 공급은 30.8%, 천지의 집수구역인 외륜산 안쪽에서 유입되는 지표수는 7.7%이다.

천지의 연평균 강수량은 2,193㎜로 백두산 지구에서 가장 많은 비가 내리는 지역이다. 천지의 물은 북쪽의 달문을 통해 흘러내려 비룡폭포와 장백폭포를 이루고, 쑹화강 최상류 지류인 얼다오바이허로 흘러간다. 유출량은 7월의 경우 1일 약 36만m^3에 이른다. 또한 지하수 형태로도 유출되는데 특히 압록강의 기원이 되는 샘물도 천지에서 지하수로 시작된다.

천지 수면 온도는 7월 평균 9.4℃이며, 내부 수온은 연평균 4℃를 유지한다. 10월부터 이듬해 5월 중순까지 약 3*m* 두께로 결빙된다.

지하수에 의해 물이 공급되므로 천지의 물은 무색·무미하고, 차며, 미생물의 번식률이 매우 낮거나 적어서 깨끗하다. 주변 암석의 나트륨 장석이 분해되어 중탄산 함량이 일반적인 음용수에 비해 약 10배 정도 많은 편이다.

2) 삼지연

삼지연은 백두산 용암 대지의 밀림 속에 있는 자연호수이다. 삼지연읍에서 북동쪽으로 약 4*km*, 장군봉에서 남동쪽으로 약 28*km* 거리에 있다. 원래 쑹화강으로 흘러들던 하천이 있던 곳인데, 백두산 본체와 북포태산에서 분출된 용암이 흘러내려 북동-남서 방향의 선상에서 만나 냉각되면서 상대적으로 높은 언

덕과 작은 분지가 형성되면서 이곳의 우묵한 곳에 물이 고여 못이 되었고, 원래 쑹화강으로 흐르던 강줄기는 두만강과 압록강 하계로 분리되었다.

삼지연 일대에 여러 개의 못이 형성된 후 백두산에서 분출된 부석이 쌓여 형태가 변하였고, 일부는 시간이 흐르며 습지화하여 밀림이 형성되었으며 일부는 말라버렸다. 이 가운데 3개의 큰 못이 북동-남서 방향의 일직선상에 놓여 있어 삼지연이라 불리게 되었다.

눈이 녹는 5~9월까지 수심이 가장 깊고, 10월~이듬해 4월까

〈그림 5〉
삼지연

지는 수심이 얕다. 5월 초부터 1호 못은 하루 평균 3㎝씩 수면이 상승한다. 비가 오면 몇 시간 만에 수면이 상승하여 호수 연안선까지 물이 차며, 비가 오지 않으면 수면이 낮아져서 바닥이 노출되는 경우도 있다. 바닥의 현무암층은 화산 활동과 지각 변동에 의해 균열이 생기고 균열이 커지면서 수심 변화가 심해지고 있다. 못 주변에서 흘러드는 풍화 산물들에 의해 수심이 점차 얕아지고, 못 형태가 변화하는 중이다. 수온은 대기 온도에 따라 변화하며, 여름철 표층은 20~22℃이고 하부는 18℃ 정도이다.

6

백두산의 **생태**

가. 식물

백두산은 세계적으로 식생의 특징이 뚜렷하며, 다양한 종자식물이 서식하는 곳이다. 백두산의 식물 중 종수가 가장 많은 것은 국화과150종, 벼과88종, 사초과76종, 미나리아재비과66종, 장미과57종, 백합과57종 등의 순이다. 이는 백두산 식물상 형성 역사가 비교적 짧으며, 화산 폭발 후에 새로운 식물 종들이 유입되고 있음을 보여준다. 백두산의 특산 식물로는 만주입갈나무, 미인송, 가문비나무, 눈측백, 이노리나무, 두메투구꽃 등 100여종이 대표적이다.

1) 식물의 수직 분포

백두산에서는 산림 분포 한계선을 따라 식물 수직대가 뚜렷하게 나타나 산기슭에서 봉우리까지 2,000*m* 구간에서, 온대부터 극지까지 이르는 수천 킬로미터의 식물 피복 유형을 모두 관찰할 수 있다.

① 낙엽활엽수림

낙엽활엽수림은 기온이 따뜻하고 일조량이 풍부한 해발고도 500~700*m* 지대에 분포하며 대부분 후생림이다. 주요 수종으로는 자작나무, 사시나무, 신갈나무, 고로쇠나무, 들메나무, 황벽나무, 피나무, 물푸레나무, 물박달나무, 다릅나무, 버드나무, 단풍나무 등이며, 관목류로는 개암나무, 당단풍나무, 부게꽃나무, 가시오갈피, 두릅나무, 진달래, 팥배나무, 딱총나무, 쉬땅나무, 생열귀나무, 고광나무, 말발도리, 개회나무, 갈매나무, 각시괴불나무, 매발톱나무 등이 있고, 덩굴식물로는 오미자, 쥐다래나무 등이 있다. 이 외에 속새, 두루미꽃, 왜방풍, 싸래기사초, 넓은잎외잎쑥, 대사초, 나비나물, 곰취, 청취, 병풍쌈, 맑은대쑥, 산꿩의다리, 풀솜대, 꽃며느리밥풀, 미나리냉이 등 초본 식물도 분포한다.

〈그림 6〉
백두산 소나무숲

〈그림 7〉
백두산 자작나무

② 혼합림

혼합림은 기후가 온화하고 경사도 완만하며 토양에 화산재가 섞여 있어 배수가 잘되고 여러 수목의 생장에 유리한 해발고도 700~1,000*m* 사이의 지대에 분포한다. 이 지대는 산림 구조가 복잡하고 여러 층의 혼합림이 나타나므로 다양한 식물 생장에 유리하다. 대부분의 지역에서 해발고도 1,000*m*까지는 소나무, 신갈나무 등이 대표 종 지위를 갖는다. 활엽관목, 양치류, 전나무, 잣나무 군락 등이 있으며, 잣나무가 가장 많은 부분을 차지한다. 조성 종류도 매우 풍부하여 리기다소나무, 미인송, 주목, 거제수나무, 들메나무, 황벽나무, 가래나무 등이 함께 분포한다. 관목류로는 싸리나무, 병꽃나무, 화살나무, 진달래, 황산차 등이 있고, 초본 식물은 인삼, 삼지구엽초, 삽주, 황련, 참취, 병풍쌈 등이 있다. 이 가운데 백두산 인삼은 역사적으로 매우 유명하며, 오늘날 중국에서도 백두산 지역의 인삼을 장백산 인삼이라 하여 널리 선전하고 있다.

③ 침엽수림

침엽수림은 해발고도 1,100~1,800*m* 사이의 지대에 분포한다. 이 지대부터 기온이 점차 낮아져 식물 종류가 줄어들기 시작한다. 전나무가 우세하며 가문비나무, 종비나무, 분비나무, 만주

잎갈나무 등이 분포한다. 침엽수림대 중 가장 높은 곳에는 사스래나무, 가장 낮은 곳에는 잣나무가 혼재한다. 관목류로는 산진달래, 만병초, 참꽃나무겨우사리, 산괴불나무, 긴잎조팝나무, 생열귀나무, 물싸리, 들쭉나무, 댕댕이나무 등이 있으며, 초본 식물은 산수리취, 자주꽃방망이, 털냉초, 참기생꽃 등이 있다. 전나무류도 많이 분포하여 백두산 줄기 기슭 부근에는 전나무-잎갈나무림을 이룬 곳도 있다.

④ 아고산亞高山 사스래나무림-저목 산림대

해발고도 1,800~2,000*m* 사이의 지대에 분포하는데, 이 지대는 기후가 한랭하고 바람이 강해 수목이 생장하기에 나쁜 환경이다. 일부 지대에서는 사스래나무 외에 추위를 잘 견디는 만주잎갈나무, 눈잣나무, 두메오리나무 등이 자란다. 관목류로는 노랑만병초, 댕댕이나무, 두메들쭉나무, 가는잎백산차, 곱향나무, 물싸리 등이 있으며, 초본 식물로는 애기금매화, 손바닥난, 각시투구꽃, 흰좀설앵초, 산속단 등이 있다.

⑤ 고산 초본대

고산 초본대는 해발고도 2,100*m* 이상인 지대에 분포하며, 이 지대는 기온이 매우 낮고 바람이 강하여 극지 식물의 특징을 지닌 키 작은 식물들이 주로 분포한다. 목본류에 속하는 곱향나무, 콩버들, 누난버들, 담자리꽃나무, 노랑만병초, 홍월귤, 월귤나무, 가솔송, 좀참꽃, 담자리참꽃, 두메들쭉나무 등 키 작은 관목류가 꽃을 피우며 고산화원을 이룬다. 초본류로는 가는잎들꽃, 두메양귀비, 산용담, 두메자운, 껄껄이풀, 각시투구꽃, 구름패랭이꽃, 구름오이풀, 구름국화, 바위구절초, 수염풀, 개감채, 나도수영 등이 뒤덮여 있다.

2) 경사 조건에 따른 식물의 분포

① 경사도에 따른 분포

백두산은 일부 높은 화산산지를 제외하면 대부분 용암 대지를 이루며 전체의 70% 이상이 경사도 15° 미만인 완경사 지역이다. 이런 곳에서는 잎갈나무, 종비나무, 자작나무, 물황철나무, 사시나무, 채양버들, 조구나무, 야광나무 등이 주로 자라며, 잎갈나무림, 종비나무림, 잎갈나무-자작나무림이 형성되어 있다. 관목류로는 들쭉나무, 백산차, 매저지나무, 물싸리나무 등이 군락을 이루고 있으며, 자주꽃방망이, 수리취, 칼잎용담, 금방망이, 삼잎방마이, 미역취 등 초본 식물도 있다. 급경사 지역에는 사스래나무, 두메오리나무, 가문비나무 등 교목류와 산진달래, 산조팝나무, 흰인가목 등 관목류가 분포한다.

② 경사 방향에 따른 분포

백두산의 경사 방향은 대부분 동남향이므로 남쪽 경사면은 빛과 온도에서 매우 유리하다. 경사지에는 양지 식물과 건생 및 반건생 식물이 자라며 잎갈나무, 사스래나무, 가문비나무, 흰인가목 등 교목류와 두메양귀비, 바위돌꽃, 높은산패랭이꽃, 나도여로, 산속단, 구름국화, 바위구절초, 애기금매화, 둥근바위솔 등 초본류가 분포한다. 북쪽 경사면에는 음지 식물과 비옥한 토양에서 자라는 식물이 많이 분포하며, 분비나무, 산겨릅나무, 부게꽃나무, 뱀나무, 박쥐나물, 줄바꽃, 서덜취 등이 대표적이다.

나. 동물

백두산의 동물은 육상 동물인 포유류와 조류가 대부분이며, 파충류와 양서류는 매우 적고, 어류는 비교적 많다. 이는 백두산의 지리학적 형성 과정 및 생태 환경의 특수성 때문이다.

백두산 지역의 동물은 모두 6목 20과 42속 56종이며, 그 가운데 육식동물의 비중이 가장 크고, 설치류, 식충류, 사슴류, 토끼류 등이 있다. 이 중 식충목 첨서과의 허항령첨서, 쥐목 쥐과의 숲쥐, 사슴목 사슴과의 백두산 사슴은 백두산 일대에만 서식한다.

20세기 전반기까지는 호랑이가 목격되었으나 오늘날 백두산 지구 한반도 쪽에서는 보이지 않는다. 현재 백두산의 대표 동물은 백두산 사슴이다. 백두산 사슴은 길이 2*m*, 어깨높이 11~130*cm*, 체중 200*kg*의 대형동물이다. 고산산림이나 초원에서 집단으로 서식하며, 각종 풀과 나뭇잎, 나무껍질 등을 주로 먹는다. 9~10월 사이에 교배하여 이듬해에 새끼를 한두 마리 낳는다.

1) 포유류

백두산의 동물들은 구북구계 시베리아구 한국 동북 소구계에 속하며, 대부분은 구북구 계통의 동물들이다. 백두산은 지역별 생태 환경과 종적 분포에 따라 지역별로 분포하는 종수는 차이가 있으나, 천지 지역을 제외하면 내륙 산지인 백두산 일대는 해발고도 2,000*m* 이상의 높은 산과 백두산 줄기, 그와 연결된 작은 산줄기 및 크고 작은 골짜기가 많아 동물들이 서식하

〈그림 8〉
백두산 호랑이

〈그림 9〉
백두산 사슴

기에 매우 좋은 환경을 형성하고 있다. 또 백두산 중심의 넓은 초원과 산림대는 다양한 생태 환경을 조성하여 동물상이 풍부하다.

동물의 분포는 지형, 기후, 토양, 해발고도 등과 밀접한 관계가 있으나 움직임이 활발하여 여러 지역을 오갈 수 있으므로 식물의 식생 분포처럼 뚜렷하게 구분하기는 어렵다. 그러나 식물 수직분포대에 근거하여 동물의 분포대를 5개 권역으로 나눌 수 있다.

① 낙엽활엽수림대

해발 800*m* 이하의 저산지대와 구릉지대로 숲쥐, 다람쥐, 산토끼, 족제비, 알타이족제비, 고슴도치, 땃쥐, 작은땃쥐 등 작은 짐승이 많고, 삵, 여우, 오소리, 멧돼지, 노루 등도 출몰한다.

② 혼합림대

이 지대는 주로 용암 지대이며, 지세가 평탄하고 큰 강이나 시냇물이 이어져 있다. 또한 기후가 따뜻하고 강수량이 풍부하며 토지가 비옥하여 각종 식물의 서식에 유리한 곳이라 삼림도 무성하다. 백두산의 거의 모든 동물이 이 지역에 서식한다고 할 수 있으며, 숲쥐, 들쥐, 청서, 다람쥐, 멧돼지, 노루 등이 가장 자주 보인다. 불곰, 반달가슴곰, 검은담비, 산달, 수달, 스라소니, 삵, 백두산 사슴, 오소리, 너구리 등은 수가 적은 희귀종이다.

③ 침엽수림대

이 지대는 구름과 안개가 많고 상대습도가 높으며 겨울이 추운 편이다. 주로 청서, 들쥐, 숲들쥐, 노루, 백두산 사슴 등이 살며 숲들쥐와 들쥐가 우점종이다.

④ 사스래나무림대

이 지대는 침엽수림과 고산 툰드라 지대 사이로 주로 사스래나무가 구불구불 자라고 있다. 다람쥐, 높은산쥐토끼 등이 주로 서식하며, 여름에는 백두산 사슴, 노루, 반달가슴곰 등이 더위를 피하기 위해 찾아오기도 한다.

⑤ 고산초본대

이 지대는 환경 조건이 열악하고 먹이가 부족한 곳으로 주로 높은산쥐토끼가 서식하며 여름에는 백두산 사슴이나 노루, 반달가슴곰 등이 목격된다.

백두산 일대는 동물들이 서식할 수 있는 환경이나 종이나 수

〈그림 10〉
백두산 표범

〈그림 11〉
백두산 소나무 위 다람쥐

가 점차 줄어들고 있으며, 많은 동물들이 심각한 위기 혹은 멸종 위기에 처해 있다. 심각위기종은 검은담비, 표범, 범, 사향노루, 사슴 등 5종이며, 멸종위기종은 이리, 갈색곰, 반달가슴곰, 산달, 수달, 스라소니, 백두산 사슴, 산양 등 8종이다.

2) 조류

백두산의 조류는 구북구 계통의 조류가 기본을 이루며, 18목 50과 230종 10아종이 있다. 이 가운데 참새류가 100종, 오리-기러기류가 16종, 독수리-매가 14종이며, 도요류도 13종이 있다. 해발고도 1,600*m* 지대를 중심으로 다양한 산림 조류가 서식한다. 산림 조류는 147종으로 전체 조류의 63.6%를 차지한다.

① 텃새와 철새

겨울은 기온이 낮고, 먹이 구하기가 어려워 텃새나 겨울 철새가 매우 적으며, 여름은 생활환경이 좋아 여름 철새들이 많이 찾아와 번식한다. 백두산의 텃새는 49종이며, 철새는 182종이다. 철새 중 여름 철새는 137종, 겨울 철새는 13종이다.

● 텃새

주로 꿩과, 딱따구리과, 박새과, 동고비과 및 까마귀과 조류들이다. 검독수리, 꿩, 들꿩, 양비둘기, 멧비둘기, 두견이, 수리부엉이, 긴꼬리올빼미, 북올빼미, 까막딱따구리, 청딱따구리, 오색딱따구리, 큰오색딱따구리, 작은오색딱따구리, 작은딱따구리, 세가락딱따구리, 물박쥐, 오목눈이, 굵은부리박새, 작은박새, 진박새, 박새, 동고비, 작은동고비, 나무발발이, 방울새, 참새, 어치, 물까치, 까치, 당까마귀, 까마귀, 큰부리까마귀 등이 있다. 백두산은 겨울 추위가 혹독하므로 대부분의 텃새들은 겨울 동안 평야지대로 이동하여 겨울을 난다.

● 여름 철새

백두산은 삼림이 무성하고 골짜기와 강·하천 등이 많으며, 여름 기온이 온화하여 여름 철새가 백두산 전체 새의 절반 이상54.5%을 차지한다. 텃새들도 여름 동안에는 고산지대로 이동하여 서식하므로 여름철 백두산 일대에는 조류가 매우 풍부하게 관측된다. 비둘기류, 두견류, 부엉이류, 외쏙도기류, 칼새류, 물촉새류, 파랑새류, 후투티류, 종다리류, 제비류, 할미새류, 할미새사촌류, 개구마리류, 물박쥐류, 박쥐류, 티티새류, 부비새류, 휘파람새류, 솔딱새류,

멧새류, 찌르레기류, 꾀꼬리류 등에 속하는 대부분의 종들이 여름 철새이다.

● 겨울 철새

백두산 지역은 겨울 추위가 혹독하고 강설량이 많아 겨울 철새의 종류는 적은 편이다. 참매, 말똥가리, 북검은머리멧새, 홍방울새, 갈색양지니, 산까치, 콩새 등이 이곳에서 겨울을 난다. 겨울 동안 국지적으로 이동하는 새들은 꿩, 들꿩, 양비둘기, 멧비둘기, 물박쥐, 오목눈, 발멧새, 방울새, 어치, 물까치 등이며, 눈이 많이 내리면 먹이를 찾아 산기슭이나 강변, 낮은 산지나 평야지대로 이동한다. 대부분의 겨울 철새들도 초겨울과 늦겨울에만 서식하고, 춥고 눈이 많이 쌓이는 시기에는 떠난다.

● 나그네새

나그네새는 다른 곳에서 겨울을 나기 위해 백두산 일대를 지나는 새들로, 봄과 가을의 철새로 구분된다. 검은목농병아리, 대백로, 왜가리, 붉은왜가리, 되강오리, 가창오리, 꼭두오리, 알락오리, 알숭오리, 발구지, 넓적부리오리, 댕기흰죽지, 흰뺨오리, 흰비오리, 비오리, 독수리, 회색개구리매, 큰물닭, 두루미, 재두

루미, 흰죽지꼬마물떼새, 왕눈물떼새, 댕기물떼새, 삑삑도요, 붉은어깨도요, 꺅도요, 바늘꼬리도요, 청도요, 누른도요, 붉은가슴논종다리, 산논종다리, 티티새, 흰꼬리솔딱새, 흰머리멧새, 검은머리멧새, 노랑눈썹멧새, 큰검은머리멧새, 되새, 검은머리방울새, 양지니 등이 있다.

② 조류의 고도별 분포

● 낮은 지대

해발고도 1,100*m* 이하의 활엽림대와 혼합림대는 지세가 평평하고 기후가 온화하며 서식환경이 다양하여 많은 조류가 분포한다. 총 223종이 서식하는데, 이는 전체 조류의 97%에 해당한다.

찌르레기, 작은찌르레기, 꾀꼬리는 전형적인 활엽수림에 사는 새이며, 주로 강변이나 강기슭의 숲속에 서식한다. 낮은 지대에서 산림 한계선까지는 개구리매류, 조롱이류, 새매류, 꿩류, 비둘기류, 뻐꾸기류, 소쩍새류, 파랑새, 후투티, 딱따구리류, 울타리새류, 딱새류, 부비새, 솔새류, 솔딱새류, 오목눈, 박새류, 동고비류, 잣새, 산까치, 독수리 등과 같이 산림을 기본 생활터전으로 하는 산림 조류가 서식하며, 해발고도가 비교적 높고 침엽수림이 무성한 곳에서는 까막딱따구리, 오색딱따구리, 솔새류,

박새류, 동고비류 등이 서식한다.

● 중간 지대

해발고도 1,100~1,800*m*의 침엽림대와 1,800~2,100*m*의 아고산 사스래나무 저목림대 용암 지대에는 조류의 종이 급격히 줄어들어 122종 정도가 확인된다.

활엽수와 침엽수가 함께 자라고, 그 아래에 각종 관목이 빽빽이 자라는 해발고도 1,200~1,700*m* 지대에서는 까막딱따구리, 세가락딱따구리, 작은오색딱따구리, 작은박새, 노랑허리솔새, 동고비, 작은동고비, 오목눈이 등이 서식한다. 사스래나무림대는 지세가 가파르고 기온이 낮아 식생이 단조로워 메닭, 세가락딱따구리,잣까마귀, 유리딱새, 노랑딱새 등이 발견된다. 이 가운에 메닭과 잣까마귀는 이 지대에서만 서식한다.

해발고도 1,700~2,000*m*의 침엽수림대에서는 메닭, 숲종다리, 박새류, 까막딱따구리, 세가락딱따구리, 작은동고비 등이 드물게 분포한다.

● 높은 지대

해발 2,000*m* 이상은 교목이 전혀 없는 무림지대이다. 산림이 없는 고산초원과 산마루, 바위와 암석으로 이루어진 특이한 생태 환경으로 기후와 환경이 열악하여 10여 종의 조류만이 확인된다. 주 서식 조류는 바위종다리이며, 칼새, 노랑할미새, 새매류 등이 분포한다. 가끔 종다리류, 까마귀류 등이 날아올 때가 있다. 근래에는 백두산 일대 거주 주민들이 늘고 왕래가 빈번해지면서 인가 근처에 서식하는 제비, 참새, 까마귀 등이 증가하는 추세이다.

3) 파충류

백두산 지역은 파충류가 서식하기 적절한 곳이 아니므로 돌바위산이나 밭, 부석지대 등 메마른 곳에서만 일부가 발견된다. 도마뱀과의 긴꼬리도마뱀과 뱀과의 밀뱀, 늘메기, 누룩뱀, 노란등줄뱀, 북살모사과의 북살모사 등 12종이 서식한다. 일반적으로 파충류는 고지대에 분포하지 않으나 북살모사는 해발고도 1,000*m* 이상에서 서식하는 고산성 파충류이다. 이외의 파충류는 산림 환경에서 먹이를 구하므로 산림의 분포와 밀접한 관계가 있다.

4) 곤충류

백두산 일대에는 약 1,400종의 곤충류17목 166과 809속 1,397종가 발견되며, 나비목에 속하는 낮나비와 밤나방의 종수가 가장 많은 편이다. 이외에 딱정벌레, 벌, 파리, 노린재, 잠자리 등이 흔히 보인다. 대부분 북방 기원 계통의 종들이며, 대부분 해발고도가 낮은 곳에서 많이 서식하고 해발고도가 높아질수록 종수가 감소한다.

백두산의 특이 곤충 중에는 낫낫발이가 있다. 이는 세계적으로 약 60종밖에 알려지지 않은 희귀 곤충인데 가장 원시적인 곤충류로 학술적 의의가 있다.

7

백두산의 **사계** 四季

백두산의 아름다운 모습을 다양하게 담아낸 사진들

광역도의 백두산 일대 지도, 1776년경 발간

2장

우리 역사 속의 백두산

1

백두산 주변의 **민족**과 **국가**

고도가 높고 기온이 낮은 백두산은 인간이 생존하기에 유리한 곳이라 하기는 어렵다. 그러나 특이한 모습과 웅장함 등으로 주변 민족들에게 성역 혹은 숭배의 대상이 되었다. 백두산과 관련 있는 주변 민족, 혹은 국가에 대해 정리해 보자.

● 숙신과 읍루

백두산 인근에 거주하는 종족 가운데 가장 먼저 문헌에 등장하는 민족은 숙신이다. 이들은 쑹화강 중상류와 무단강목단강 유역에 넓게 퍼져 거주하였다. 이어서 읍루가 등장하는데, 『후한서』, 『삼국지』 등에 따르면 '읍루는 옛 숙신이며, 부여 동북쪽 1천여 리 떨어진 곳에 사는 종족으로 사람들의 생김새는 부여와 흡사하나 언어가 다르다'고 하였다. 이어서 '오곡과 삼베, 소와 말이 나고 사람들은 매우 용감하고 힘이 세다. 산림 속에 사는데 날씨가 매우 추워 굴속에 살며, 돼지를 많이 길러 고기를 먹고, 가죽으로 옷을 만들며, 겨울에는 추위를 이기기 위해 돼지기름을 몸에 바른다'고 하였다. 이들은 물길족, 즉 말갈족으로 계승되는데 이들에 관한 기록 중 백두산에 대한 언급이 있다. '물길족 거주지 남쪽에 도태산이 있는데 위나라 말로는 태백이라 부르며, 호랑이, 표범, 큰곰, 늑대 등이 사람을 해쳐 사람들이 산에서는 대소변을 보지 못한다'고 하였다.

● 말갈족

6세기 중엽 물길족은 세력이 약화되자 부족들이 각자 자립하였는데 이들을 총칭하여 말갈족이라 하였다. 말갈족의 7개 부족 가운데 가장 남쪽의 속말말갈과 백산말갈이 백두산 인근에 거주하였다. 이들은 백두산을 사이에 두고 고구려와 접해 있다가 고구려에 복속되었으며, 고구려가 멸망한 후에는 발해의 지배를 받았다. 말갈족 가운데 쑹화강과 헤이룽강 하류 지역에 거주하며 발해와 대립하였던 흑수말갈은 10세기경부터 여진족이라 불렸다.

● 여진족

백두산 인근에 거주했던 여진족은 반농반목을 하며 고려·조선과 밀접한 관계를 유지하였다. 12세기 초 완안부의 아구다아골타가 여진 세력을 규합하여 금을 세웠다1115년. 금은 건국 직후부터 세력을 확장하여 요를 무너뜨리고 송의 수도를 빼앗기도 하였다. 이후 송은 양자강 남쪽으로 이동하여 남송시대를 열어야만 했다. 금은 한동안 동북아시아의 강국으로 성장하다가 몽골의 등장으로 세력을 잃고 1234년 멸망하였다.

금이 소멸한 후 여진족들은 만주에서 부족 단위로 흩어져 거주하였으며, 원·명의 지배를 받았다. 특히 명은 여진족 부족장들에게 관직과 교역권을 부여하고 서로 대립시키는 이른바 이이제이以夷制夷 정책을 통해 여진족을 통제하였다. 조선 역시 건국 후 적극적인 북방정책을 추진하여 백두산 남쪽 압록강, 두만강 이남에 거주하던 여진족을 몰아내고 영토를 확장하였다.

명과 조선의 압박을 받던 여진족은 16세기 후반 만주에 대한 명의 지배력이 약화되고, 변방에 대한 조선의 통제도 소홀해지자 부족 간의 결합을 통해 다시 힘을 모아 누르하치를 중심으로 후금을 건국하였다1616년. 후금은 명과 조선의 연합군을 물리치고 세력을 더욱 키웠으며, 종족 명칭을 여진족이 아닌 만주족이라 하였다.

누르하치를 계승한 홍타이지는 나라 이름을 청으로 고친 후 조선을 침공하여 항복을 받아냈다1636년, 병자호란. 곧이어 농민 반란으로 멸망한 명을 대신하여 중원을 차지하고 더욱 세력을 넓혀 대제국으로 발전하였다. 그러다가 19세기 들어 내우외환에 시달리다가 멸망하고 다시 만주로 이동하였다.

1931년 만주사변을 일으켜 만주를 장악한 일제는 만주국을 세워 청의 마지막 황제 푸이를 황제로 추대하였다. 그러나 제2차 세계대전이 일제의 패전으로 끝나자 만주국은 소멸되고 말았다. 현재 만주족은 중국 동북 지역에 5% 미만이 거주하고 있다2000년 인구조사에 의하면 만주족은 지린성에 3.7%, 백두산 지구에는 29만 494명(전체 인구의 3.8%).

다시 정리하면 역사에 등장하는 숙신, 읍루, 물길, 말갈, 여진 등은 만주족의 전신 혹은 같은 계통의 민족으로 줄곧 백두산 북쪽에 거주하였다. 그러다가 명이 건국된 15세기 이후부터 백두산 주변 지역의 인구에 변화가 나타나기 시작하였다.

1416년, 명 조정에서는 군인 1,500명을 백두산 인근 이도강 부근에 파견하여 주둔시켰으나 명대에는 만주에 거주하는 한족이 거의 없었다. 이후 명·청 교체기에 이르러 한족 유민들의 이주가 시작되었고, 청대에는 백두산 인근까지 유입되어 벌목·채집을 하며 정착하였다.

청은 자신들의 근거지인 만주와 그곳에 여전히 거주하는 동족들의 생활환경을 보호하기 위해 한족 이주를 금하였으나 생활터전을 찾아 이주하는 이들을 막을 수는 없었다. 1781년에는 지린성 전체 인구 중 만주족과 한족의 비율이 비슷한 지경에 이르렀으며, 19세기 후반 봉금정책이 해제되자 산둥성 빈민들이 대규모로 유입되며 1891년 이후에는 한족이 더 많아졌다. 20세기에도 사회적 혼란, 자연재해 등을 피해 산둥성, 허베이성, 산시성, 허난성 등의 농민들의 이주가 지속되어 1953년에는 백두산 지구 인구 중 한족이 77%를 점하였다. 2000년 현재 한족은 지린성 인구의 91%, 백두산 지구 인구의 83%를 차지하고 있다.

백두산 부근 만주 지역은 우리 민족의 오랜 터전이기도 하다. 고구려·발해 때는 많은 인구가 거주했었으나 고려시대 이후에는 우리 민족의 거주지로 거의 활용되지 못했다. 조선 전기에는 4군 6진이 개척되었으나 우리 민족의 거주지는 백두산 남쪽으로 국한되었다. 17세기 이후에는 백두산을 사이에 두고 청과 조선이 마주 보게 되었으며, 1712년 백두산정계비가 건립되어 국경이 확정되면서 백두산 주변과 압록강, 두만강 주변 지역에 이주와 정착이 이루어졌다. 19세기 후반에는 자연재해로 함경도·평안도 농민들의 월강이 늘어 이주 지역이 백두산 북쪽까지 확대되었다. 일제강점기에도 우리 민족의 백두산 지구 이주는 계속되었다. 이들은 중국 내에서 조선족이라 불리며, 2000년 기준으로 전체 인구의 42%인 114만 5,688명이 지린성에, 백두산 지구에는 12.6%인 97만 2,126명이 거주하고 있다.

2

기록과 전승에 나타난 **백두산**

가. 백두산 관련 신화와 설화

동북아시아 지역에서 손꼽히는 높은 산이자 산정 호수, 멀리서도 구별되는 모습 등 여러 특징을 가진 백두산은 이른 시기부터 주변 민족들에게 신성한 대상으로 숭배되었다. 백두산을 성산으로 인식하고 숭상한 대표적인 민족은 우리 민족과 만주족이다. 이외에 한족이나 거란족은 백두산의 신성성은 인정했지만 한족은 곤륜산을 자신들의 조종산으로 인식하였으며, 태산, 위산, 화산, 숭산, 항산 등 5악 신앙을 중시하였다. 거란족도 백두산을 숭앙하였으나 민족 시원과 관련 있는지는 불분명하다. 그러므로 백두산은 동북아시아 여러 민족 중 우리 민족과 만주족에게 특별한 의미가 있는 산이라 할 수 있다.

1) 단군신화와 백두산

단군의 아버지 환웅은 하늘 또는 태양을 토템으로 하는 씨족 출신이며, 단군의 어머니 웅녀는 곰을 토템으로 하는 씨족 출신이다. 『삼국유사』의 주석에는 단군신화에 등장하는 태백산을 묘향산이라 하였으나 근래에 백두산으로 해석되고 있다. 신화에 나오는 곰은 고대 시베리아 지역의 종교적 상징으로 중요한 지위에 있는 동물이다. 이는 한민족의 근원이 고대 시베리아 지역의 씨족과 혈연적 연계를 가진다는 해석으로 이어진다. 단군신화를 보면 백두산은 신의 뜻이 깃들어 있는 성스러운 공간인 동시에 우리 민족 스스로 자신의 존재와 연계되는 우주의 축으로 인식했음을 알 수 있다.

2) 고려 시조인 왕건의 조상 설화와 백두산

『삼국유사』에는 호경이라는 인물이 스스로 성골 장군이라 칭하면서 백두산에서부터 여러 신이한 일을 겪으며 전국을 유람하다가 부소산 부근에서 정착하여 살았는데 그가 바로 고려 태조 왕건의 조상이라고 한다. 이 설화는 고려의 뿌리가 백두산에 있음을 강조하고 있다.

3) 만주족의 건국 신화와 백두산

만주족은 숙신이 자신들의 선조라 여겼다. 청조 실록에서는 청 황실의 유래에 대해 다음과 같이 설명하였다.

"장백산長白山 동쪽에 포고리산布庫哩山이 있고, 그 산 밑에 포륵호리布勒瑚里란 연못이 있는데, 전하는 말에 '하늘의 선녀仙女 불고륜佛庫倫이 이 연못에 내려와 목욕을 하는데, 신작神鵲이 붉은 과일 하나를 물고 와서 선녀의 옷 위에 놓고 갔다. 그 과일을 삼킨 선녀는 임신을 하여 아들을 낳으니, 성姓은 애신각라愛新覺羅이고, 이름은 포고리옹순布庫哩雍順이다. 장백산 북쪽 아타리성俄朵里城에 살면서 국호國號를 만주라 하였다' 한다. 수세數世 동안 백성을 잘 다스리지 못하여 국민이 반란을 일으켜 애신각라의 종족을 해치

자, 어린 아들 하나가 황야로 도망하여 목숨을 건졌다."

청 황실의 애신각라愛新覺羅, 아이신취러 신화에 백두산을 숭상하는 만주족의 정서가 반영되어 있다. 청 황실은 백두산을 자신들의 조상이 유래된 신성한 곳으로 여겼으며, 역대 황제들은 기회가 될 때마다 직접 혹은 대신들을 시켜 백두산에 산제를 올리도록 하였다.

4) 백두산 관련 설화

백두산과 연관된 설화는 자연의 모습이나 자연현상에 관련된 것이 대부분이며, 지명 관련 설화, 동물 관련 설화, 식물 관련 설화, 기상 관련 설화 등으로 나누어 볼 수 있다.

① 지명 관련 설화

천지와 그곳에서 발원하는 두만강·압록강의 연원과 관련된 설화들이다.

● 조선왕이 하늘에 제사를 소홀히 하자 크게 노한 하느님이

백두산 꼭대기에서 오줌을 싸니 꼭대기는 움푹 패여 천지가 되었고, 동쪽으로 흘러간 줄기는 두만강, 서쪽 줄기는 압록강이 되었다는 설화.

● 백두산 아랫마을에 흑룡이 나타나 주민들을 괴롭히자 백씨 성을 가진 장수가 나타나 맞섰다. 백 장수가 지하수를 파 가뭄을 해결해 주었고, 이때 파낸 흙이 쌓여 열여섯 봉우리가 되었다. 동해로 물러났던 흑룡이 다시 나타나 싸움이 벌어졌으나 공주의 도움을 받은 백 장수가 흑룡을 동해로 쫓아냈다는 설화.

● 장우와 바우 형제의 이야기를 통해 천지 속에 용궁이 있다고 말하는 설화.

● 백두산에 석 달 열흘 비가 계속되어 홍수가 났을 때 백두산의 바위를 갈아 바늘을 만들고, 그 바늘로 물이 넘쳐흐르는 부분을 기워 홍수를 멈추게 했다는 설화. 이때 기워놓은 바윗돌 흔적이 열여섯 개 봉우리라고 한다.

② 동물 관련 설화

● 신선 꽃사슴 이야기

어릴 때 부모를 잃고 대를 이어 종살이 하는 대걸이라는 청년이 함정에 빠진 아기 꽃사슴을 구해 준 것을 계기로 꽃사슴의 보은 덕분에 천생배필을 만나고 부채를 탕감 받아 행복하게 살았다는 설화.

● 인삼과 꽃사슴

백두산 소천지로 유람 나왔던 천상의 천녀들 중 막내가 피리 소리에 취해 총각을 만나 사랑에 빠졌으나 이를 알게 된 천왕이 진노하여 천녀를 인삼으로 변하게 하고 총각을 사슴으로 변하게 하였다는 설화.

● 천지 속의 용궁

동생의 병이 낫기를 바라던 형 장우가 약을 얻기 위해 천지의 용궁으로 가던 중 빨간 잉어를 구해 주자 그 잉어의 도움으로 용왕을 만나 신약용왕의 수염 2가닥, 공주가 준 노랑버섯 3송이을 얻어 동생을 구원하였다는 설화.

● 금붕어 처녀

효성이 지극한 달문이라는 청년이 백두산 속 호수에서 금붕어를 가져왔는데 그 금붕어가 처녀로 변해 결혼을 하게 되었다. 그러나 사냥 나온 사또가 그녀를 뺏기 위해 달문에게 장기내기를 두자고 하였다. 달문은 아내의 부모로부터 상자와 당나귀를 받아 와 장기를 이겨 아내를 지켰다는 설화.

③ 식물 관련 설화

● 장생초 설화

늙은 어머니를 모시고 사는 효자가 지주의 수탈을 견디지 못해 심산유곡에 이주하여 살았다. 고생이 심했던 늙은 어머니가 병을 얻자 효자는 약초를 얻기 위해 엄동설한의 백두산을 헤맸다. 그때 한 노파가 귀한 씨앗을 백두산에 뿌려 달라고 간곡히 부탁하였으나 효자는 눈보라를 뚫고 산에 오르다 그만 모두 날려버렸다. 그때 갑자기 날씨가 따뜻해지며 바람에 날렸던 씨앗에 싹이 돋아나 풀이 자랐다. 노파는 그 풀을 달여 마시면 어머니의 병이 깨끗이 낫을 것이라고 효자에게 일렀다. 효자는 노파의 말대로 약을 내어 어머니의 병을 고치고 행복하게 살았다. 이때부터 그 풀은 백두산에서만 나는 장생초의 연원이 되었다는 설화.

● 인삼 이야기

병든 노모를 모시고 사는 바위라는 청년이 나쁜 지주에게 혹사당하면서 살고 있었다. 어느 날 홍안의 소년초동이 나타나 자신은 3천년 된 인삼인데 나쁜 지주가 자신을 찾아낼 것 같아 사람으로 모습을 바꾸었다고 했다. 그러고는 자신의 한쪽 팔을 베어 바위에게 주며 이것이면 병든 노모를 살릴 수 있을 것이라고 했다. 그 소문을 들은 지주는 인삼을 차지하려는 욕심을 앞

세워 바위를 협박하였지만 바위는 입을 열지 않았다. 그러자 지주는 바위의 뒤를 몰래 밟아 인삼이 묻힌 곳을 알아냈다. 지주가 인삼을 캐려고 땅을 파헤치는 순간 인삼의 허리가 잘려 초동은 죽고, 그 대가로 지주도 횡사하였다. 바위는 허리가 잘린 인삼을 좋은 곳에 묻고 해마다 제사를 지냈는데 얼마 뒤 그곳에서 인삼이 싹을 돋우며 자라났다. 그 인삼은 곧 씨앗을 퍼뜨려 백두산에 많은 인삼이 나게 되었다는 설화.

④ 기상 관련 설화

● 백두산의 천기

동해 용왕, 흑룡강 용왕, 천지 용왕이 서로 의형제를 맺고 지내던 어느 날 천지 용왕의 애첩을 흑룡강 용왕이 탐하여 싸움이 벌어졌다. 그러자 백두산에 천둥과 함께 큰 비가 내렸다. 이때부터 세 용왕이 작은 싸움을 벌이면 백두산에는 가랑비가 내리고, 큰 싸움을 벌이면 천둥과 함께 소나기가 내렸다는 설화.

나. 백두산에 관한 역사 기록

1) 삼국시대 이전부터 남북국시대의 기록

① 삼국시대 이전

백두산에 관한 우리 역사 최초의 기록은 『삼국유사』의 단군 신화이다. 단군의 아버지 환웅이 태백산에 내려왔다는 기사에서 백두산은 태백, 불함, 장백, 백산 등 여러 이름으로 불려 태백산을 곧 백두산으로 보고 있다. 백두산 북쪽에 거주하던 숙신이 백두산을 신성하게 여겼고, 우리 민족의 기원이 시베리아와 연관되므로 고조선 영역에 백두산이 포함되는 것은 당연하다고 할 수 있다. 그러나 고도가 높고 추운 백두산에 도읍을 세웠다고 볼 수는 없다. 그러므로 단군신화에 등장하는 태백산이 백두산을 지칭하는 것이라 하더라도 그곳에 신시라는 근거지를 마련했다는 내용까지 인정하기는 어렵다.

② 남북국시대

고구려 계승을 자처한 발해는 제2대 무왕 때 사방 2천 리에 달하는 영역을 가지고 있었으며, 백두산 일대는 주요 활동 무대였다. 『신당서』에는 백두산 토끼가 발해의 특산물이라고 기록되어 있다. 통일신라시대에 유행한 도선의 풍수지리설은 우리나라 모든 산천의 지맥이 백두산에서 비롯되었다는 인식의 출발점이 되었다.

2) 화산 분화 관련 기록

우리나라뿐 아니라 중국·일본 사서에는 백두산 분화에 대한 기록이 자주 등장한다. 10~20세기 초까지 약 1천 년간 기록을 보면 분화가 약 20회 있었던 것으로 추정된다.

① 939년 분화

백두산 분화 관련 가장 앞선 기록은 『일본기략』에 등장한다.

> '천경 2년939 1월 2일 갑진 봄날에 마치 큰 북을 두드리는 소리가 들렸다.'

이 내용은 멀리 떨어진 곳에서 발생한 화산 폭발의 명동鳴動 현상을 설명한 것으로 백두산 분화에 의한 것일 가능성이 높다. 백두산은 이보다 앞서 937년과 938년에도 분화했기 때문에

939년의 명동 기사는 백두산 분화에 의한 것으로 추정할 수 있다. 화산재 분포로 미루어 일본 혼슈 동북부 아오모리와 그 이북 홋카이도 지역에 거주하는 아이누인들은 마치 비처럼 내리는 화산재를 경험하였을 것이며, 농작물 황폐화와 냉해 등의 피해를 입었을 것이다. 물론 일본 열도 안에 있는 화산 분화일 가능성도 있으나 그 경우 직접적인 목격담이 기록되지 명동 현상만 전하지 않을 것이다. 따라서 이 기록은 백두산 분화에 대한 것으로 추정할 수 있다.

② 946년 · 947년 분화

『고려사』 정종원년946년에는 '하늘에서 북소리가 들렸다'고 하였고, 같은 해 일본의 『정신공기』와 『일본기략』에도 '하늘에서 소리가 났는데 마치 천둥소리와 같았다'는 내용이 전한다. 이 기록이 백두산의 화산 폭발을 가리키는 것인지는 알기 어렵다. 당시 백두산은 고려 영토가 아니었으며, 겨울철에 주로 북서풍이 부는 것을 고려하면 강하 화산재의 범위와도 멀기 때문이다. 그러나 10세기 백두산 인근의 분화산물 지질조사 결과를 보면 거대 화쇄류의 분화에 앞서 부석층이 분화하였으며, 이 분화의 폭발음이 465*km* 떨어진 개성과 1,000*km* 이상 떨어진 일본에 공전된 것으로 추측된다. 또 946년 11월 일본 나라에 강하한 화산재도 이와 연관이 있을 것으로 추정된다.

③ 1014년 · 1016년 · 1017년 · 1018년 · 1019년 분화

『고려사』 현종 5년 3월 경인에는 '밤에 붉은 기운이 사방에 퍼졌다'고 하였고, 현종 7년 12월 정유에도 '사방에 붉은 기운'이라 하였으며, 현종 8년 2월 계유에는 '사방에 붉은 기운이 하늘에 불이 난 것처럼 가득하였다'고 하였으며, 현종 10년 정월 을유에는 '붉은 기운이 온 하늘에 가득하였다'고 한다. 이는 화산재 확산과 기상학적으로 대기 이상 현상을 기록한 것으로 백두산 대분화로 볼 수 있다.

④ 1124년 분화

강하 화산재에 관한 기록이 있다.

⑤ 1199년 · 1200년 · 1201년 분화

당시 기록에는 '우물이 적색으로 변하며 약 10일간 소 울음소리같이 끓는 소리를 냈다', '검은 기운이 퍼져서 지척에 있는 사람도 보이지 않았다', '사방이 어둡고 부슬비와 흙비가 내렸으며, 이틀 동안 우토가 내렸다'는 것으로 보아 백두산 분화로 인한 폭발 진동이 공명으로 전달되고, 검은 화산재 구름이 북풍-북동풍을 타고 남쪽으로 내려왔음을 알 수 있다.

⑥ 1265년 4월 15일양력 분화

'누룩가루 같은 하얀 것이 미세한 비처럼 내렸다.' 이는 백두산 분화구에서 발생한 화산재 구름이 북풍-북동풍을 타고 남쪽으로 내려오면서 미세한 화산재를 낙하시킨 것이다.

⑦ 1373년 6월 24일 분화

『고려사』 공민왕 22년 기사에 "하얀 털 조각 같은 것이 안개와 비처럼 매우 크게 내렸다. 나라 안 사람들이 모두 말하기를 '흡사 용 비늘이 백마의 털과 같이 휘날리듯 하다'고 하였다." 이는 길이가 6cm, 큰 것은 10cm에 달하는 길고 납작한 부석편과 화산재가 하늘에서 내린 것을 말한다. 백두산 분화로 잘게 부서진 판상의 부석편이 북풍-북동풍을 타고 화산재 구름과 함께 내려온 것이다.

⑧ 1401년 윤 3월 25일 분화

『태종실록』에는 "동북면 찰리사가 '단주 동북간에 연기도 아니고 안개도 아닌 것이 온 하늘을 뒤덮어 컴컴하였는데, 숯이 땅바닥에 떨어져 있으므로 두어 개를 봉해서 올립니다'라고 보고하였다"며 함경도에서 화산재가 내린 모습을 전하고 있다. 이는 플리니안식 분화에 의해 화산재 구름이 동쪽으로 이동한 것으로 우토가 내린 것보다 큰 규모의 화산 활동이었음을 알 수 있다. 그리고 분화된 검은색 부석을 숯으로 오인하여 채취한 것으로 추정된다.

⑨ 1403년 1월 27일 · 3월 22일 분화

『태종실록』에는 태종 3년 1월 27일을사에 '갑주갑산의 영괴, 이라 등지에 반쯤 타고 마른 재가 비처럼 내렸다. 땅에 쌓인 두께는 1촌약 3cm 가량이며, 5일이 지나서야 그쳤다'는 기사가 전한다. 플리니안식 분화에 의한 화산재 구름이 동쪽으로 이동하며 강하했음을 알 수 있다.

⑩ 1405년 2월 23일 분화

『태종실록』에는 태종 5년 2월 23일기축에 '잿빛 비가 내렸다'고 하였으며, 태종 6년 2월 9일경오에 '동북면 단주에 흙비가 내리기를 무릇 14일이나 하였다'고 한다. 플리니안식 분화에 의한 화산재 구름이 동쪽으로 이동하면서 화산재를 뿌린 것으로, 화산 활동이 2주간 지속되었음을 알 수 있다.

⑪ 1573년 2월 분화

『선조실록』에는 선조 6년 2월 1일에 '흙비가 쏟아졌다'고 하였다. 이는 플리니안식 분화에 의한 화산재 구름이 동쪽으로 이동하면서 강하한 것이다.

⑫ 1597년 10월 7~8일 삼수군 일대 분화

『선조실록』에는 선조 30년 정유년 10월 2일에 함경감사 송언신이 서장을 올려 '지난 8월 26일 진시오전 7~9시에 삼수군 지방에 지진이 일어났고, 삼수동 중천의 물빛이 흰색으로 변했다가 다시 황색으로 변하였고, 인차외보 동쪽 5리 되는 곳에서 붉은 빛의 흙탕물이 솟아오르다가 그쳤다. 또한 소농보 건너편에서는 포를 쏘는 듯한 소리와 함께 연기가 하늘 높이 솟아오르고 큰 바위가 연기를 따라 터져 나와 종적 없이 날아갔다. 이어서 지진이 계속 발생하였다'라고 보고하였다. 이는 백두산 인근 함경도 삼수 지역에 잇따른 지진에 대한 보고로, 화산 분출과 연관된 것이다. 비슷한 시기 발해만 일대에서 지진이 발생하였으며, 넓은 지역1,000㎞×1,000㎞에서 감지되었다. 백두산 주변의 대규모 지진에 의한 동적 응력 변화로 마그마 운동이 활발해짐에 따라 백두산 화산체에서 격발 지진이 일어날 수 있는 조건이 형성되었다. 따라서 삼수 일대의 지진은 발해만 지진의 영향을 받아 일어난 격발 지진으로 추정된다. 중국 기록에 나타난 발해만 지진과 1597년 백두산 화산성 지진은 서로 독립적이지 않고 격발 지진과 같은 인과관계가 있음을 짐작할 수 있다. 또한 태평양판 섭입 운동으로 인근 지역에서 발생하는 대규모 심발 지진이 백두산 지역의 화산성 지진을 격발하였을 가능성도 있다.

⑬ 1654년 10월 21일 기록

『효종실록』에는 '검은 기운은 신이 목격한 것입니다. 그 기운은 비 같기도 하면서 비가 아니고, 연기 같기도 하면서 연기도 아닌 것이 북쪽에서 오는데 소리는 바람이 몰아치듯, 냄새는 비린내 같기도 한데, 잠깐 사이에 산골짜기에 가득 차 빛을 가려 지척에 있는 소와 말도 분별 못할 정도였습니다. 가까이는 적성과 장단 사이와 멀리는 함경도 남쪽 경계까지 모두 그러했다고 합니다'라는 기록이 전한다. 백두산에서 분화된 화산재, 화산가스가 북풍-북동풍을 타고 낮은 고도로 남쪽으로 내려온 것으로 해석된다.

⑭ 1668년 분화

『현종실록』에는 현종 9년 4월 23일 신묘에 '함경도 경성부와 부령 일대에 화산재가 비처럼 내렸다. 동쪽 하늘이 갈라졌는데

빛이 화경火鏡과 같았고, 붉은 말이 서로 싸우는 듯한 모양이 있었다. 북쪽에 붉은 기운이 일었고, 다음 날에는 이상한 흰 기운이 있었다'고 전한다. 이로 미루어 당시 마그마 폭발이 있었고, 고온의 분화물들이 분출되었으며, 백두산에서 분화한 화산재가 서풍을 타고 동쪽으로 날아가 함경도 지역에 화산재를 내린 것으로 볼 수 있다.

⑮ 1673년 천지 분화

『현종실록』에는 현종 14년 4월 28일에 '함경도 명천 지역에 화산재가 비처럼 내렸다'고 한다. 플리니안식 분화에 의하여 화산재 구름이 동쪽으로 이동하면서 화산재를 뿌린 것으로 추정된다.

⑯ 1702년 천지 분화

『숙종실록』에는 숙종 28년 5월 14일에 '함경도 부령부에서는 오시에 하늘과 땅이 갑자기 캄캄해지더니 때로 누른빛이 돌고 연기와 불꽃이 일어나며 비릿한 냄새가 꽉 찬 듯하였다. 더불어 큰 화로에 들어있는 듯 열이 올라 사람들이 무더운 기운을 견딜 수 없는 지경에 이르다가 4경축시이 지나서야 사라졌다. 아침에 보니 온 들판에 재가 내려 쌓였는데, 마치 조개껍질을 태워놓은 듯하였다. 같은 날 경성부에서는 좀 늦은 때에 연기와 안개 같은 기운이 서북쪽에서 갑자기 밀려오면서 하늘과 땅이 캄캄해지고 비릿한 노린내가 사람들의 옷에 스며들었다. 몹시 무더운 기운에 큰 화로 속에 앉아 있는 듯하고 땀이 흘러 끈적끈적하였다. 흩날리던 재는 눈처럼 사방에 떨어졌는데 그 높이가 한 치약 3cm 정도 되었다. 걷어보니 마치 나무껍질이 타다 남은 것 같았다'고 하였다. 이 역시 플리니안식 분화에 의한 열기를 가진 화산재가 바람을 타고 낮은 고도로 운반되어 강하한 모습을 잘 묘사하고 있다. 분화 지점인 백두산에서 140km 떨어진 곳의 강하 화산재를 등층후선을 설정하여 계산한 결과 당시 분출물의 최소량은 1.2km³로 추정된다. 이는 화산 폭발 지수 5에 해당하는 대규모 분화이다.

⑰ 1903년 천지 분화

청 관리 유건봉은 『장백상강강지략』에서 직접 목격한 천지 분화를 묘사하였다. '1903년 별안간 폭발하는 소리가 나자 공중에서 수레바퀴만한 큰 불덩이가 떨어지고 수면 위에서 수많은 불꽃이 낮처럼 환하게 타올랐다. 포성처럼 큰 소리가 울리고 파도가 하늘 높이 크게 일어났다.' 이는 칼데라 호수인 천지에서 발생한 화산 분화를 사실적으로 기록한 것으로 불덩어리는 화산탄이며, 고온의 많은 화산재와 분출물들이 호수 위로 뿜어져 나와 가라앉은 것으로 보인다. 오늘날 천지 북쪽 가에서는 1903년 분화물을 식별할 수 있다. 소규모의 스트롬볼리안 또는 수증기 마그마성 분화였음을 알 수 있다.

⑱ 1898년 · 1925년 분화

1898년 러시아 탐험가가 백두산 정상에 올랐을 때 화산의 칼데라에서 분화가 있었다는 기록이 있다. 비교적 작은 규모의 분화로 분출물이 칼데라의 외륜산을 넘지 않은 순간적인 소분화였을 것으로 추정된다. 1925년에도 분화가 있었다는 내용이 소련과학원 원동 지부의 보고서에 기록되어 있다.

이상에서 살펴본 바와 같이 백두산 분화에 관한 기록은 백두산 분화 흔적을 통해 확인할 수 있다.

3

역사 속의 **백두산**

가. 백두산과 국경 문제

1) 조선 후기 백두산 정계

백두산에서 마천령산맥, 낭림산맥, 태백산맥으로 이어지는 산줄기를 백두대간이라 칭한 『산경표』는 18세기에 정리된 것이다. 하지만 백두산을 우리 산천의 우두머리로 보고 모든 산은 백두산 지맥이 뻗어져 이루어졌다는 인식은 조선시대 이전에 이미 성립되어 있었다. 또 백두산은 영토적 관점에서도 중시되었는데 요하 동쪽이 역사적으로 조선의 영역이며, 백두산은 그 중심에 해당된다는 조선 초기 양성지의 주장이 가장 대표적이다. 그러나 현실적으로 백두산은 만주와 접하는 경계로 주로 인식되었고, 특히 1712년숙종 38 백두산정계비가 세워진 이래 강역의 기준으로 크게 부각되었다.

조선은 건국 이후 압록강 중상류 지역에 4군을 세우고, 두만강 중하류 지역에 6진을 세워 압록강-백두산-두만강을 대략적인 경계로 확보하였다. 하지만 관리의 어려움 때문에 4군에서 주민들을 철수시켰고, 6진 서쪽 두만강 중상류 지역까지 확고한 행정력이 미쳤다고 보기 어려운 점도 있으나 북방 경계에 대한 기본적인 인식은 크게 변하지 않았다. 조정에서는 여진족과 조선인들의 접촉을 막고 확보된 강역을 지키기 위해 두만강과 압록강 대안 지역에 출입을 금하였다. 그러나 17세기 후반 이래 인삼 채취, 사냥 등을 목적으로 평안도와 함경도 북부 지역에 주민들의 수가 늘어나면서 월경 및 청인들과 충돌 사건도 자주 일어났다.

1712년, 국경을 확정하고 상호 월경 및 충돌을 방지하려는 청의 요구로 백두산 정계가 이루어졌다. 두 나라의 경계는 백두산을 기준으로 '서쪽은 압록강, 동쪽은 토문강'이라 규정하였다. 그러나 토문강의 발원지 및 물줄기에 대한 조사 및 합의 문제가 여전히 남아 있었기 때문에 경계를 둘러싼 양국의 논쟁은 완전히 종식되지 못했다.

19세기 후반, 두만강과 압록강 대안에 거주하는 조선인의 수가 늘어나자 다시 영토분쟁이 일어났다. 조선과 청은 1885년고종 22 · 1887년고종 24 두 차례에 걸쳐 공동 조사와 회담을 진행하였으나 결론을 내리지 못했다. 당시 쟁점은 토문강이 어느 강을 가리키는 것인지, 그 강의 수원이 어디인지를 포함하여, 백두산정계비 내용을 어떻게 이해하고 인정할 것인가 하는 점이었다. 그러므로 백두산정계비에 대한 해석은 국경 분쟁의 중요한 열쇠라 할 수 있었다. 현지 지형만 본다면 정계비에 가장 가까운 물줄기는 두만강으로 유입되지 않기 때문에 정계비에 새겨진 토문강과 두만강은 같은 강이 아니라는 것이 조선의 주장이었다.

그러나 1712년 정계 당시 양측의 담당자들은 이러한 지리 정보를 명확히 알지 못하였으며, 정계 이후에도 정계비 내용과 백두산 주변 지역, 나아가 북방 강역에 대한 인식은 끊임없이 변화하였다. 19세기 말에는 감계 회담 시에 지리 정보를 확인한 조선이 기존 입장을 바꾸어 토문강이 두만강임을 인정하였다. 백두산정계비와 간도 문제의 연원을 이해하기 위해서는 이러한 상황 변화에 대한 정확한 인식이 필요하다.

① 1712년 조 · 청 국경 공동 조사와 정계비 설치

청은 17세기 후반에 자신들의 본거지를 보호하기 위해 심양

瀋陽 동쪽 일대의 광범위한 지역을 이른바 봉금지대封禁地帶로 설정하고 한족漢族들의 개간과 거주를 금하였다. 아울러 만주 지역을 관할하던 성경장군盛京將軍은 매년 일정 기간 동안 인가된 인원만을 이곳에 들여보내 담비가죽과 인삼을 채취하도록 하였다. 조선도 주민들의 압록강·두만강 대안 지역에 왕래를 금하였다. 하지만 인삼과 담비가죽의 국내외 수요가 늘어나면서 이를 구하기 위한 지역 주민들의 활동은 꾸준히 증가하였다.

양국 정부의 금령에도 불구하고 조선과 청 양측의 주민들은 압록강·두만강 유역과 백두산 부근에서 서로 접촉하는 일이 잦았고, 상호 충돌하는 사건 역시 빈발하였다. 1710년에 평안도 위원 주민 이만지 등 9명이 압록강을 건너가 청인 5명을 타살하고, 그들이 캔 인삼과 소지품을 약탈하였다가 적발된 사건은 가장 대표적이다.

청은 두 나라의 경계가 불명확하기 때문에 문제가 계속 생겨나는 것이라 판단하고, 백두산·압록강·두만강 일대에 대한 지리 정보를 수집하는 한편 조선에 국경 공동 조사를 요구하였다. 조선은 청의 시도를 새로운 침공 준비의 일환으로 보고 이를 거부하였다. 그러면서 사신 왕래 시에 『대명일통지』와 『성경지』 등 지도나 지리지를 구입하여 중국 동북 지방과 백두산 일대의 지리 정보를 얻으려고 노력하였다.

1712년, 청이 오라총관烏喇摠管 목극등穆克登을 보내 경계를 함께 조사하고 국경을 정할 것을 제안하였다. 당시 조선은 양국민의 접촉이나 충돌을 막기 위하여 이 지역에 주민들의 거주를 제한하고 있었으며, 폐사군 일대는 공한지로 비워두고 있었다. 조선은 압록강·두만강·백두산 이남을 강역으로 확보하기로 방침을 세우고 이에 응하였다. 조선이 강계를 미리 설정하고 임한 것은 이 지역의 지세가 험하여 파수처나 읍·진을 백두산 남쪽에 두고 있었기 때문에 청이 이를 기준으로 두만강·백두산·압록강 훨씬 남쪽으로 경계를 정하자고 주장할 것을 우려하였기 때문이다.

그러나 실제 조사가 시작되자 청은 조선의 우려와는 달리 이를 문제 삼지 않았다. 조선의 접반사 박권이 양국의 경계는 백두산과 압록강, 두만강이라고 말하자 청의 목극등은 이를 그대로 인정하였다. 파수처가 백두산 남쪽에 있는 까닭에 대해서도 청이 책문 밖에 파수처를 두고 있지 않은 것과 마찬가지라는 설명 역시 이의 없이 받아들여졌다. 압록강과 두만강, 백두산 남쪽을 조선의 강역으로 확보하는 문제는 어렵지 않게 일단락되었다.

다음 문제는 압록강과 두만강의 정확한 수원을 확인하는 것이었다. 강을 경계로 국경을 정할 때는 발원처가 기준이 되기 때문이다. 그러나 수원 확인 작업은 공동으로 이루어지지 못했다. 목극등은 조선 접반사의 동행 요구를 거부하고 자신의 일행과 조선인 역관, 군관들만을 데리고 백두산에 올라 압록강과 토문강의 수원을 확인하고 자신이 정한 이른바 분수령分水嶺 위에 양국의 경계는 '서쪽은 압록강, 동쪽은 토문강'이라는 내용의 정계비를 세웠다. 이로써 양국의 국경이 명시적으로 선포된 것이다.

정계비 건립에도 불구하고 분쟁의 여지는 완전히 사라지지 않았다. 양국의 동쪽 경계라 명시된 토문강이 구체적으로 어느 강을 지칭하는 것인지가 가장 큰 쟁점이었다.

이에 대해 여러 주장이 있으나 적어도 1712년 정계 당시에는 조선인과 청인 모두 토문강은 두만강이라고 인식하고 있었다. 청이 압록강과 토문강의 원류를 확인하자는 내용의 정계 요구 자문을 보내자 조선 조정은 토문강에 대한 논란 없이 두만강의 근원을 확인하도록 조치하였다. 정계 시에도 양국의 책임자들은 토문강과 두만강을 아무런 문제없이 혼용하였다. 정계 이후에도 토문강과 두만강은 자주 혼동되어 쓰였다. 1757년영조 33에 범월인을 심문하는 과정에서 청 예부에서 두만강이 무엇을 가리키는가에 대한 자문을 보내자 조선은 '두만과 토문은 같은 것이며, 한 강에 두 이름이 있는 것'이라고 회답한 것이 가장 대표적인 사례다.

비록 두만강과 토문강이 혼용되어 사용되었으나 두만과 토문은 별개의 지명으로 조선 초기에는 이를 정확히 구별하여 사용하였다. 『용비어천가』에는 '두만맹안豆漫猛安'과 '토문맹안土門猛安'이 별도로 기재되어 있고, '토문은 지명이며 두만강의 북쪽에 있다土門 地名 在豆漫江之北'라는 주석이 붙어 있다. 여기에서 토문은 백두산 부근이 아닌 두만강 이북에 별도로 존재하는 지명임을 알 수 있다.

정계 당시 조선의 입장은 백두산과 압록강, 두만강 남쪽을 강역으로 확보하는 것이 목적이었으므로 토문과 두만이 동일한 것이든 아니든 큰 문제가 아니었다. 하지만 백두산 정계 직후 그 이북 지역에 토문 혹은 토문강이 있다면 조선의 강역은 더 넓어질 수 있었기 때문에 조선 조정에서는 강의 수원지나 목책 설치 위치에 대해 잠시 논란이 있었으나 곧 중지되었다.

② 토문강두만강 수원 문제

압록강과 두만강 수원을 확인하기 위한 답사 중 목극등 일행은 백두산 서남쪽에서 압록강 수원을 비교적 용이하게 확인하였으나 백두산 동쪽에서는 두만강 수원을 쉽게 지목하지 못하였다. 백두산 동쪽에서 발원하는 여러 갈래의 물줄기를 모두 조사할 수 없었기 때문이다. 압록강의 경우 하류에서 거슬러 올라가면서 확인한 반면 두만강은 산줄기를 따라 내려오는 도중에 수원을 찾으려 했던 답사 경로의 문제가 있었다. 정확한 수원을 확인하려면 두만강 본류에서 시작하여 상류로 올라가면서 발원지를 찾아야 했지만 목극등은 이를 소홀히 하였던 것이다. 그는 백두산 동쪽에서 발원하는 물줄기는 모두 동류하여 두만강을 이룰 것이라고 착각하였고, 이 가운데 하나를 두만강 수원으로 정하였다.

목극등은 청 대통관과 조선인 군관, 역관, 길 안내인 등을 시켜 자신이 지목한 물줄기를 따라 내려가면서 확인하도록 지시하였다. 이들이 60여 리를 조사한 후 물길이 분명하다고 보고하자 의심 없이 토문강두만강의 수원으로 확정하였다. 그러나 그것은 두만강 발원지가 아니라 약간의 거리를 동류하다가 북쪽으로 방향이 바꾸어 쑹화강松花江에 합류하는 물줄기였다. 조선인들 가운데 일부는 그 수원이 두만강 발원처가 아니라고 지적하였으나 목극등은 귀담아듣지 않았다. 오히려 그는 그 강이 북쪽으로 흐르더라도 결국은 두만강에 합류할 것이니 자신의 말대로 하면 조선은 땅을 더 얻게 될 것이라 말했다. 목극등은 백두산 남쪽에서 동편으로 흐르는 작은 물줄기들은 모두 두만강을 이루게 될 것이라고 잘못 생각하였기 때문에 이같이 고집한 것이다.

목극등은 이 물줄기가 일정 거리를 흐르다가 땅속으로 복류하여 동남쪽 감토봉甘土峯 아래에서 다시 솟아나는 것으로 보았다. 그는 복류하는 곳의 경계는 명확히 알기 어렵다는 이유로 그 위에 목책이나 석축을 쌓아 구별할 것을 조선에 요구하였다. 두만강이 복류한다는 설은 목극등뿐 아니라 상당수 조선인들도 공유하는 것이었다.

정계 시에 목극등이 두만강과 토문강을 구별하여 인식하였고, 조·청 간의 경계는 두만강이 아니라 바로 토문강이라고 생각하였다. 그가 자신이 확인한 수원이 토문강의 수원이라 고집하며 조선인들의 말을 듣지 않았던 것은 두만강과 다른 토문강의 근원을 올바르게 지목하였기 때문이며, 조선인들이 가리키는 두만강의 수원은 자기가 생각한 조선과 청국의 경계인 토문강의 수원으로 인정할 수 없었기 때문이라고도 볼 수 있다. 그러나 남쪽에 있는 두만강의 수원이 보다 정확한 것이라고 한 조선인들에게 자신의 말에 따르면 조선이 땅을 더 얻게 될 것이라고 한 발언을 보면 그가 찾은 수원이 쑹화강으로 흘러들어가는 토문강의 근원임을 알면서도 이렇게 말하였다고 보기는 어렵다. 그는 자신이 지적한 물줄기를 두만강의 원류라 확신하였던 것이다.

〈그림 1〉
1712년 백두산 정계 시 조·청 관원들의 이동 경로
서울대학교 규장각 한국학연구원 소장 『여지도(輿地圖)』(古 4709-1)에 수록된 〈백두산정계비도〉, 〈강석화, 『조선후기 함경도와 북방 영토의식』(2003, 경세원)에서 재인용〉.

〈그림 1〉을 보면 천지天池에서 북쪽으로 흐르는 강물과 동류하는 강물은 명백히 구분되어 있고, 동류하는 강물은 대각봉大角峰을 지나 일정 거리를 흐르다가 ㉮지점[입지암류入地暗流]부터 복류하여 감토봉甘土峰 부근의 ㉯지점[수출水出]에서 다시 솟아나는 것으로 표시되어 있다. 목극등의 요구는 이 두 지점 사이에 목책 혹은 석축을 쌓아 달라는 것이었다.

그러나 목극등의 요구대로 목책 공사를 시행하기 위하여 물줄기의 흐름을 상세히 조사하자 그가 두만강의 수원이라고 지목한 물줄기는 두만강과 전혀 관계없고, 복류하는 지점도 없음이 확인되었다. 조선으로서는 난처했다. 만약 목극등이 지적한 물줄기를 따라서 공사를 하면 두만강의 근원과 전혀 다른 곳으로 이어지게 되고, 또 상호 협의 없이 조선 임의로 다른 수원을 정할 수도 없었기 때문이다.

공사 감독을 맡았던 북평사 홍치중은 이러한 사실을 조정에 보고하면서 목극등이 정한 물까지만 목책 및 토축을 설치하도록 하였다. 그러나 현지에서 공사를 담당하였던 거산찰방 허량과 나난만호 박도상 등은 목극등이 정한 수원이 아닌 보다 남쪽에 있는 다른 수원에 목책과 토축을 세우고 공사를 마무리하였다. 이들은 북쪽으로 흘러가는 물은 분명히 두만강의 수원이 아니므로 자신들이 두만강 수원임에 틀림없다고 본 곳에 목책을 연결시켰던 것이다. 그러나 이들이 목책과 토축을 연결시켜 놓은 수원도 두만강으로 이어지지 않았다. 그 물줄기 역시 동쪽으로 일정 거리를 흐르다가 북류하여 결국 쑹화강으로 유입되었다.

조선 조정은 수원을 정확히 파악하기 위해 다시 현지조사를 행하는 한편 목극등에게 이를 알려 재조사를 제안하였다. 그러나 이듬해1713년에 조선에 칙사로 온 목극등은 이미 황제에게 보고까지 끝난 사안에 재조사가 이루어지면 그에 문책이 뒤따를 것이라 여겨 정계와 설책 문제에 대해 별다른 관심을 보이지 않았다. 조선 조정 역시 재조사에 따르는 부담을 피하기 위해 이 문제를 다시 거론하지 않았다. 이는 정계 및 설책 공사 과정의 문제점은 분명히 있었으나 두만강과 백두산, 압록강을 북방 경계로 확보하려는 기본 방침이 관철된 것에 만족하였기 때문이다.

③ 조선 후기 북방 영토 의식의 확대

● 두만강과 압록강 상류 지역 개발과 인구 증가

조선은 정계 이후 소극적이었던 북방정책에서 벗어나 지역민들의 경제활동을 최대한 보장하며 북방 지역을 철저히 장악하려 하였다. 청의 제안에 따라 경계를 정한 것이므로 직접적인 무력 충돌 가능성은 줄어들었다고 판단하였기 때문이다.

두드러진 변화 중 하나는 양 강을 넘어 조선 경내에 몰래 들어온 청인들에 대한 철저한 단속이다. 범월청인들은 대부분 봉황성장이 보낸 채삼군이나 사냥꾼으로 생필품을 구하기 위해 조선 경내를 자주 침범하였다. 조선은 정계 이전에 사행로를 관장하는 봉황성장과 불필요한 문제를 야기하지 않기 위해 이들을 적발하더라도 크게 문제 삼지 않았다. 하지만 정계 이후에는 이들을 즉시 체포하고 봉황성이나 심양이 아닌 청 예부에 직접 통고하여 강력히 단속할 것을 요구하였다. 비록 범월을 단속하지 못하였다는 이유로 청 조정의 문책을 받는 봉황성장의 방해가 있었으나 조선은 아랑곳하지 않았다. 이에 따라 조선은 범월청인을 체포하면 그 자리에서 조치를 취하고 나중에 청에 통보할 수 있는 권리를 확보하였다. 또한 양 강 대안에서 이루어지는 농경 및 거주, 사냥을 위한 왕래, 배를 이용한 통행, 강 중 혹은 하구의 섬에 머물며 어로에 종사하는 것 등을 모두 막아 강변 일대에 접근하는 것을 원천적으로 봉쇄하였다. 청 역시 이에 대부분 협조하였다.

함경도 지역 민생 안정을 위한 정책도 적극적으로 추진되었다. 범월 우려 때문에 억제하던 북변 지역 주민들의 경제활동도 인정되어 백두산 부근 양 강 상류지대와 평안도 폐사군 지역을 활발히 개간하여 인구가 급격히 증가하였다. 이로써 함경도는 유사시 전장이 되거나 포기할 곳이 아니라 완전히 확보하고 유지해야 할 지역이 되었다.

지역 개발로 경작지와 인구가 꾸준히 증가하자 18세기 중엽 무산茂山은 '함경북도의 웅부雄府'라 불릴 정도로 성장하였고, 1787년정조 11에는 개마고원 남쪽 장진강 일대에 장진부가 신설

되었다. 압록강 중상류 지역과 폐사군 전역이 개발되며 1823년순조 23에 평안도와 함경도 경계에 후주부가, 1869년고종 6에는 후창군厚昌郡과 자성군慈城郡이 설치되었다. 압록강과 두만강 강변 개간과 주민 이주는 18~19세기 내내 지속되었으며 이와 함께 압록강, 백두산, 두만강 이남의 행정구역도 완전히 획정되었다.

● 선춘령先春嶺 위치 비정과 백두산 정계 비판

백두산 정계 이후 북방 지역 개발과 행정구역 설치 논의가 진행되면서 백두산과 양 강 이북 지역의 역사적 연고권을 강조하는 북방 영토 의식이 나타났다. 특히 고조선, 고구려, 발해 등 한반도 북부와 만주 지역을 차지하고 있었던 국가들의 영역에 관심이 높아졌으며, 고려의 북방 영토에 대해서도 적극적으로 해석하는 경향이 나타났다. 고려 광종 때 윤관尹瓘이 여진족을 정벌하고 비석을 세워 국경을 표시한 선춘령先春嶺이 함경도 함흥 일대가 아닌 『고려사』「지리지」의 서술대로 '두만강 이북 700리'라고 그대로 인정하는 것이 대표적 사례다.

고려의 옛 강역을 두만강 이북으로 비정한 것은 단순한 위치 고증에 그치지 않고 영토를 회복해야 한다는 강한 열망이 담긴 것이었다. 이익은 조선 초에 육진을 개척한 김종서에 대해 당시 여진인들의 세력이 약했으므로 선춘령까지 진출할 수 있었는데도 두만강에서 멈춘 것을 안타까워하는 견해를 소개하였다.

1827년순조 27에 북평사를 지낸 박내겸은 조선과 중국의 본래 강계는 선춘령이며, 1712년 백두산 정계를 위해 온 청 차사원 목극등도 처음에는 선춘령을 기준으로 두 나라의 강계를 정하려 했다고 주장하였다. 그에 따르면 당시 조정에서는 이곳까지 관심이 없었고, 억지로 차출된 원접사 박권도 늙고 병들어 갑산에 도착하자 더 이상 나가지 않아 선춘령에서 기다리던 목극등이 재빨리 달려와 백두산 분수령을 기준으로 경계를 정하고 말았으며, 이 때문에 선춘령은 물론 백두산 천지까지도 잃고 말았다는 것이다. 이러한 주장은 정계 당시의 사실과 전혀 다르지만 선춘령이 원래 강계이며 그곳까지 수복해야 한다는 인식이 이미 일반적이었음을 알 수 있다.

19세기 중엽에 홍경모는 윤관이 개척한 9성은 개벽 이래 삼조선단군-기자-위만, 고구려, 발해를 거치는 동안 계속 우리 영토였다고 강조하고, 고대 국가의 옛 강역에 대한 연고권을 내세웠다. 그는 윤관이 선춘령까지 진출한 것은 방어에 적합한 험지를 확보하기 위한 것이었다고 평가하면서 김종서는 두만강에 의지하였기 때문에 700리 땅을 잃고 말았다고 비판하였다. 이어서 선춘령을 수복하지 않은 결과 발해, 부여 등 고대 국가의 강역은 물론 고려의 옛 영토와 조선 건국 시조의 사적조차 회복하지 못하고 있다고 한탄하였다. 선춘령에 대한 관심은 위치 비정에 대한 단순한 학문적 논쟁이나 주장이 아니라 고토회복론의 중요한 근거가 되었다.

이와 반대로 선춘령의 두만강 이북설을 강하게 반박하는 학자도 있었다. 정약용은 고려시대에 두만강 이북을 차지하지 못하였음은 물론 함경도 북관 지역도 조선 세종 때 비로소 판도 내에 포함되었다고 주장하며 김종서의 역할을 높이 평가하였다. 그는 윤관은 길주 이북으로 진출한 적이 없고, 선춘령과 윤관이 세운 공험진은 모두 길주 일대의 지명이라고 주장하였다. 하지만 정약용이 두만강 이북을 이민족의 땅으로 인정한 것은 아니었다. 그는 여진족은 원래 옥저의 주민이며, 고구려에 부속되었다가 발해가 망하자 스스로 말갈이라는 이름을 버리고 여진이라 한 것이지 외부의 여진족이 와서 이 지역을 점령한 것이 아니라 하였다. 고구려와 발해의 판도에 포함되었던 이들이 살고 있던 함경도 북관이나 두만강 이북 모두 본래부터 우리 영토였다는 것이다.

선춘령에 대한 관심이 커지면서 백두산 정계 자체에 대한 비판도 커졌다. 우리 강역이 선춘령까지라고 강하게 주장하지 못하였기 때문에 수백 리 영토를 잃었다는 것이다. 당시 청의 정계 요구는 무력과 위세를 내세웠던 것이 아니라 함께 확인하여 경계를 정하는 것이었으므로 조선의 책임자들이 고려를 승계한 조선의 강역을 선춘령까지라고 강력히 주장했다면 고려 때 서희徐熙가 강동江東 6주를 얻었던 것처럼 넓은 영토를 확보할 수 있었을 것이라고 비판하였다.

정계 책임자들뿐 아니라 비장이나 역관도 제 역할을 하지 못했다고 비난받았다. 목극등이 잘못된 위치에 비를 세웠으나 이름을 알 수 없는 갑산부의 군교 한 사람만 강하게 반대하였을 뿐 다른 관원들은 힘든 일을 피하기 위해 이를 묵인 혹은 방조하여 고식적인 정계에 합의하고 말았다는 것이다.

조선의 국경이 압록강과 두만강을 잇는 선이 아니며 고구려와 발해의 고토인 만주 지역까지 포함되어야 한다는 인식은 조선 초기부터 나타났지만 실제로는 4군 6진 개척으로 압록강·백두산·두만강을 북방 경계로 확보하는 데 그칠 수밖에 없었고, 백두산 정계 당시에도 이 선을 확보하는 데 주안점을 두었다. 그러나 정계 이후에는 북변 지역 개발을 바탕으로 선춘령에 대해 재인식하게 되고, 백두산 정계에 대한 비판을 포함한 적극적인 북방 영토 의식이 확대되었다. 이는 북방 지역 개발을 자극하는 또 다른 요인이 되었다.

● 분계강 개념의 정립

백두산 정계 이후 선춘령을 비롯한 옛 강역에 대한 관심이 높아지면서 정계비에 명시된 토문강은 두만강이 아니며 조선과 중국의 경계는 두만강이 아니라 토문강과 이에 이어지는 다른 강이어야 한다는 의식도 확산되어 갔다. 정계비에 이어지는 물줄기는 두만강 본류와 무관한 것이므로 이러한 관념은 근거가 있는 것이었다. 그러나 백두산 정상과 정계비 부근, 두만강 이북 지역의 지형에 대한 정확한 지리 정보가 널리 알려진 것은 아니었으므로 여러 물줄기의 수원과 흐름 등에 대한 표현은 지도나 지리지마다 차이를 보인다.

정계비에 이어진 물줄기를 그대로 따라 내려가면 쑹화강과 헤이룽강으로 이어진다. 그러나 이 사실에 대한 정확한 이해를 근거로 정계비에 표기된 토문강은 두만강이 아니라 비와 가장 가까운 물줄기이며, 이것이 결국은 헤이룽강을 이루게 되므로 조선과 중국의 경계는 두만강이 아니라 토문강과 이와 이어지는 헤이룽강이 되어야 한다는 주장은 찾기 어렵다.

두만강과 명백히 구분되고, 천지에서 헤이룽강 본류로 이어지는 물줄기에 '토문'이라 표기한 지도가 있다〈그림 2〉. 그러나 이 지도에 분수령이라 기재된 곳의 물줄기가 명확히 헤이룽강으로 이어지게 그려진 것은 아니다. 그러므로 이 지도를 근거로

〈그림 2〉
북관지도(일부)

정계비의 '토문'은 두만강이 아닐 뿐 아니라 헤이룽강으로 이어지는 강을 가리키는 것이었다고 단정하기도 곤란하다.

18~19세기의 지도와 지리지에는 백두산 부근에서 발원하면서 두만강과 구별되는 흐름을 갖는 강을 '분계강分界江'으로 상정하는 경우가 여럿 있다. 분계강은 자료마다 내용이 약간씩 다르지만 정계비 부근에서 비롯되며, 두만강과 원류는 다르지만 일정 거리를 흐르다가 함경도 온성 부근에서 두만강 본류에

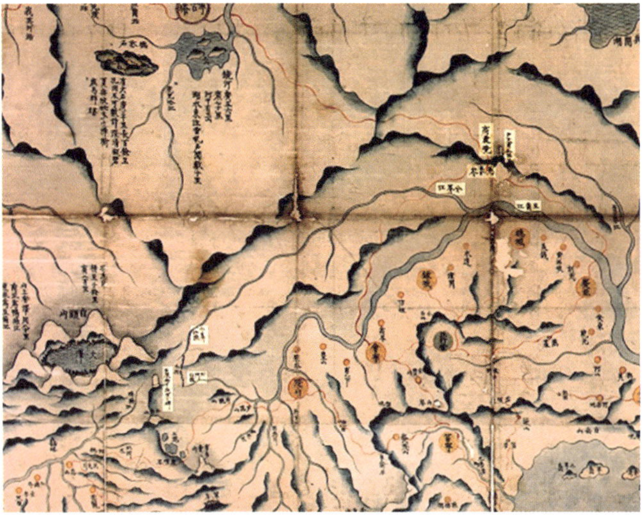

〈그림 3〉
『서북피아양계만리일람지전도』 부분
서울대학교 규장각 소장(古 4702-22A), 〈강석화, 『조선후기 함경도와 북방 영토의식』(2003, 경세원)에서 재인용〉

합류하는 것으로 인식되었다.

〈그림 3〉은 18세기 중엽에 제작된 것으로 추정되는 지도로 분계강이 명확히 그려져 있다. 두만강 원류에는 '토문강원'이라 표기하여 토문강은 두만강과 같음을 보여준다. 그러나 토문강원과 분계강원이 명확히 구별되어 있고, 둘 사이를 목책으로 연결시켰다〈그림 4〉. 이는 정계비의 토문강은 두만강이지만 조선과

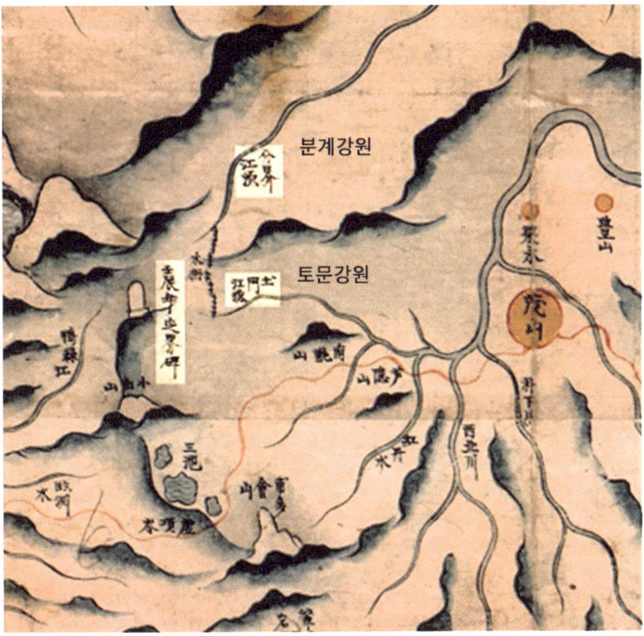

〈그림 4〉
분계강원과 토문강원(『서북피아양계만리일람지전도』 중)

중국의 실질적인 경계는 두만강이 아니라 분계강임을 간접적으로 드러내는 것이다. 또 두만강 북쪽에 선춘령을 표시하고 '고려경'이라 명기하여 고려시대 강역이 이 지역까지임을 강조하였다.

정약용은 일찍이 분계강이라는 이름의 의미에 대해 이 강으로 두 나라의 경계를 삼았다고 설명하고 토문강이라 불러서는 안 된다고 하였다. 성해응도 두만강과 토문강은 같고, 이와 별도로 분계강이 있으며, 백두산 정계 당시에 분계강의 근원을 확인하여 경계 기준으로 삼지 못했음을 비판하였다. 그러나 영토 문제를 다툴 일이 있을 경우 두만강 북쪽에 토문이라는 명칭을 여러 곳에서 확인할 수 있으므로 정계비의 문구대로 토문을 경계로 주장할 수도 있다고 보았다.

문자 그대로 해석하면 분계강은 두 나라의 경계가 되는 강이다. 그러나 이것은 여진어로 '豊家江豊溪江, 豊界江'이라고 불렸던 지금의 '하이란허海蘭河'를 한자어로 분계강이라 기록한 데에서 비롯된 오해였다. 〈그림 5〉에는 '풍계강豊界江' 옆에 '일명 분계강一名 分界江'이라고 표시되어 있다. 실제 고지도와 지리지에 나타나는 강의 위치와 물줄기의 방향을 현재 지형과 비교해 보면 분계강은 하이란허에 해당한다.

백두산 정계 당시에 목극등이 지목한 물줄기나 이후에 설책 공사를 담당하였던 허량 등이 생각한 강줄기를 그대로 따라가면 쑹화강으로 이어진다. 그리고 분계강으로 상정된 하이란허는 백두산 부근에서 발원하지 않는다. 그러므로 백두산 부근에서 발원하여 두만강과 동쪽으로 일정 거리를 나란히 흐르다가 온성 부근에서 두만강에 합류하는 분계강이 있다는 관념은 정

〈그림 5〉
풍계강, 일명 분계강

확한 지리 정보를 근거로 한 것이 아니다. 이는 정계 시의 문제점, 고대 국가의 북방 영토에 대한 재인식, 명칭에 대한 오해 등이 복합적으로 어우러져 나타난 부정확한 인식이었다. 이러한 관념이 보편화되었다는 것은 19세기 이후 북방 영토에 대한 관심이 그만큼 높아져 있음을 반영한 것이라 할 수 있다. 이러한 인식은 두만강과 분계강 사이의 땅은 조선의 영토가 되어야 한다는 주장의 출발점이 되었으며, 조선인들의 두만강 도강 및 개간, 주거가 합법적인 것이라는 인식의 근거가 되었다.

2) 19세기 후반 조·청 영토 분쟁간도 문제

① 월강 이주민의 증가

18~19세기 압록강·두만강 일대의 개발이 이루어져 강변 거주 인구가 늘면서 조선인들과 청인들의 접촉이 잦아지고, 충돌하거나 범월하는 사례도 증가하였다. 조선 조정에서는 '강변에 진보와 파수처를 세우고 10리 간격으로 장졸을 배치하였다'고 했지만 관원에게 범월을 기도하다가 혹은 돌아오다가 잡힌 사례는 거의 없었다. 특히 두만강 일대에는 19세기 전반부터 월강 금지 규정이 유명무실하여 개인적으로 오가는 것은 물론 가족

단위 혹은 마을 단위로 집단 이주하는 경우도 나타났다.

1803년순조 3 북평사를 지낸 부교리 박종정은 '무산의 초피와 삼은 모두 우리나라에서 생산된 것이 아니며, 강이 잠시라도 얼어붙으면 나무하고 꼴 베는 아이들이 다니는 길이 될 지경'이라고 보고하였다. 1807년순조 7에 장령 이약수는 함경도 주민들이 봉금지대에서 삼을 캐거나 두만강을 건너 땔감을 구하는 일이 빈번했지만 남병사나 북병사 모두 금하려 하지 않는다고 하였다.

청인들이 드문 두만강 중상류 대안 지역뿐 아니라 훈춘訓春과 가까워 청인이 많이 거주하는 경원, 경흥 대안의 두만강 하류에서도 조선인들의 범월은 증가하는 추세였다. 특히 이 지역 주민들은 기근이 들면 집단으로 강을 건너 식량을 구했고, 아예 머물러 사는 사람도 있었다. 이에 대해서 관에서는 알면서도 모르는 것처럼 그냥 두는 일이 많았다. 주민 거주가 새로 허용된 압록강 연변 지역보다 이미 거주 인구가 많은 두만강 일대에서 범월이 상례화되었던 것은 이 지역에 인구가 증가하여 식량 및 연료가 부족해졌기 때문이었다. 따라서 이들의 범월을 무조건 막을 수도 없는 형편이었다. 또 범월 사건으로 청과 문제를 야기한 경우를 제외하면 이미 영조 때부터 지방관을 문책하지 않아 적발하여도 묵인하고 중앙에 보고조차 하지 않았다.

강변 지대에서 토지를 개간하고 거주하는 주민들은 대부분 다른 곳에서 이주해 온 사람들이었다. 이들은 유민 성격이 강했기 때문에 사회적·경제적 여건이 여의치 않으면 언제라도 다른 곳으로 이동할 가능성이 높았다. 19세기 후반에 전국적으로 환곡의 폐해가 심각해지자 함경도와 평안도 북변의 주민들은 양 강의 섬이나 대안 지역을 개간하였는데 초기에는 왕래하며 농사를 지었으나 오래 머물거나 일가족이 이주하는 경우도 점차 늘어났다. 이미 19세기 중엽에는 양 강 대안에 이주민들의 촌락이 형성되어 있을 정도였다.

1869년고종 6과 이듬해에 걸친 함경도의 대흉작으로 월강 이주자는 더욱 증가하였다. 1872년 조사에 따르면 함경도 삼수군에서 평안도 후창군까지 압록강 대안에는 조선인 470호, 3,138명이 농사를 짓고 있었다고 한다. 조선 조정은 이들에게 책임을 묻지 않는 대신 귀환을 유도하였으나 따르는 이가 거의 없었다.

이와 같이 압록강과 두만강 대안 지역에 조선인들이 집단으로 이주하여 경작지가 확대되었으나 이에 대한 청의 관심은 미미했다. 조선인들이 쉽게 범월할 수 있었던 것은 청의 단속과 통제력 미비가 한 원인이었다. 19세기 전반에 청이 만주 개발을 적극 추진하면서 압록강 대안에 청인들의 이주가 늘었으나 두만강 대안은 여전히 조선인들의 수가 우세하였다.

만주 개발을 추진하던 청은 1877년 국자가局子街, 현 중국 지린성 옌지시에 초간국招墾局을 설치하여 청인들의 이주를 장려하였으며, 조선인들에게도 귀화를 요구하였다. 1882년에는 이 지역 조선인들을 모두 청의 국적에 편입하겠다는 방침을 일방적으로 고시하였다. 한동안 아무런 제지도 받지 않고 두만강 대안에 거주하던 주민들은 이러한 요구에 크게 반발하였다. 조선인들은 직접 백두산에 올라 정계비 내용을 확인한 후 두만강과 토문강은 엄연히 별개이므로 정계비 문구대로 조선과 청의 경계는 토문강으로 정해야 한다고 주장하였다. 이들은 두만강과 토문강을 구별하지 못하고 두만강 이북에 대해 행정권을 행사하려는 청의 시도를 저지해 달라고 조선 조정에 청원하였다. 이 지역에 대한 실질적 지배권을 행사한 적이 없었던 청의 태도 변화를 인정할 수 없었던 것이다.

② 19세기 말 조·청 국경회담의 쟁점

두만강 연변의 주민들은 1883년 청과 무역장정을 체결하기 위해 함경도에 온 서북경략사 어윤중에게 조선과 청의 경계는 두만강이 아니라 토문강에 이어진 분계강이므로 두만강 북쪽 분계강 남쪽에 조선인이 거주하고 농사지을 수 있도록 요청하였다. 그러자 백두산정계비문의 내용과 주민들의 주장을 근거로 두만강 이북은 청의 땅이 아니라고 확신한 어윤중의 보고를 받은 고종은 청에 국경회담을 요구하였고, 1885년에 제1차 감계회담이 시작되었다.

감계회담에서 조선의 감계사 이중하는 정계비에서 토문강까지 흙무더기와 돌무더기가 90리가량 이어져 있으며, 두만강을 이루는 물줄기는 이곳에서 40~50리 이상 떨어진 산봉우리를 넘어가야 하므로 정계비의 토문강은 두만강과 전혀 관련이 없다는 사실을 확인하였다. 그는 이를 근거로 청측 주장의 부당성을 지적하고 양국의 경계는 토문강이라고 주장하였다. 그러나 청은 백두산 정계에 관한 기록을 확인할 수 없으며, 두 나라의 동쪽 경계는 도문강, 즉 두만강이며 감계의 목적은 두만강 수원을 확인하는 것이라고 강변하였다. 그러면서 조선이 청의 강역을 침범하려는 의도라고 주장하였다. 양측은 접점을 찾지 못하며 결국 협상은 결렬되었다.

백두산 정계라는 역사적 사실을 무시한 채 자신의 입장만을 일방적으로 관철시키려 한 청의 태도는 문제가 있었으나 국경하천에 대한 조선의 주장 역시 결함이 있었다. 두만강 수원과는 별도의 수원인 분계강을 상정하고 이를 양국의 경계라고 주장하는 것은 백두산 부근의 정확한 지리 정보에 입각한 것이 아니었다. 정계비 부근의 이른바 '토문강'은 쑹화강으로 흘러드는 것으로 두만강 본류와는 전혀 관련이 없는 물줄기였다.

이중하는 함경도 북병영에 있는 「강희임진정계등록康熙壬辰定界謄錄」에서 백두산 정계 당시 두만강의 중국어 음이 토문강이라는 사실을 확인하고 이를 조정에 보고하였다. 이제 조선은 국경회담 원칙을 다시 정해야만 했다. 우선 양국의 경계가 두만강이라면 가장 중요한 과제는 수원을 정하는 것이며, 정계비와 두만강 수원과의 거리가 멀리 떨어져 있는 문제도 해결해야 했다. 두만강 본류에 유입되는 물줄기는 백두산 정계에서 100리 떨어진 곳에서 발원하는 홍토산수, 무산고원에서 북동류하는 홍단수와 서두수 등이 있다. 이 가운데 서두수와 홍단수는 무산 내지를 흐르는 강으로 이를 수원으로 정할 경우 무산 일대를 상실할 위험이 있었다. 따라서 백두산정계비에 연접한 토퇴와 가장 가까운 홍토산수를 수원으로 정하고자 하였다.

청의 요구로 시작된 1887년 제2차 감계회담에서 조선은 두만강과 토문강이 다른 강이라는 기존의 주장을 철회하고, 두만강을 국경 하천으로 인정하였으며 홍토산수를 수원으로 정할 것을 제안하였다. 이에 대해 청은 두만강의 수원으로 서두수를 지목하여 합의를 보지 못하였다. 이중하가 입장을 바꾸지 않자 청은 홍토산수의 지류인 석을수를 두만강 수원으로 정하자고 다시 제안하였으나 이중하는 여전히 홍토산수를 고집하였다.

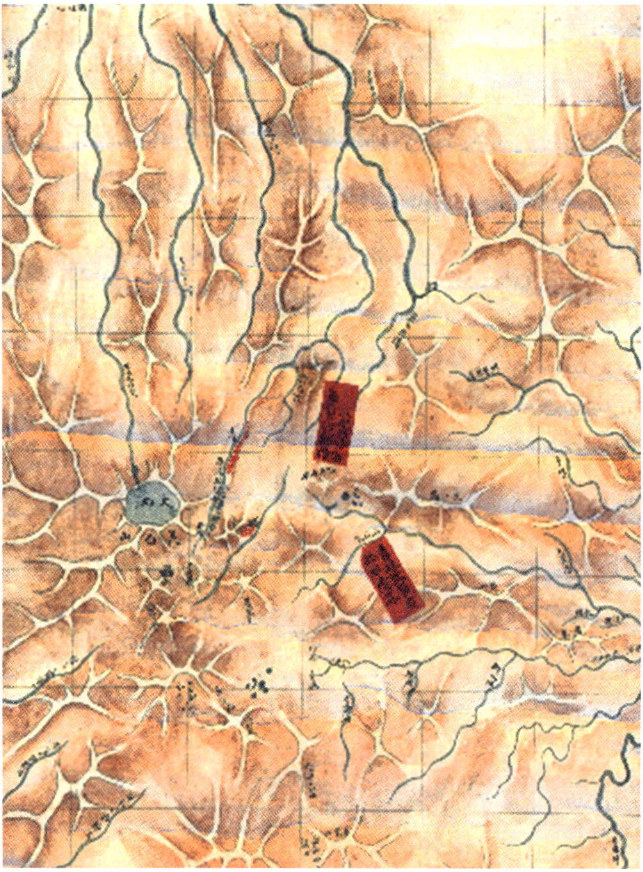

〈그림 6〉

제2차 감계회담 시 두만강 수원에 대한 조선과 청의 입장

그림 아래쪽에 '길림의 파원은 이 물로 정계하려 한다(吉林派員要此水定界)'는 표지가 석을수 위에 붙어 있고, 그 위쪽에는 '조선의 파원은 이 물로 정계하려 한다(朝鮮派員要此水定界)'는 내용이 홍토산수 위에 붙어 있다. 『백두산정계비지도』(서울대 규장각 규 26675), 〈강석화, 『조선후기 함경도와 북방 영토의식』(2003, 경세원)에서 재인용〉

합의에 이르지 못한 양측 대표는 각자의 주장을 그림으로 표시하여 자국 정부에 보고하였다〈그림 6〉.

청은 1888년에 또다시 감계를 요구하는 자문을 보냈으나 조선은 이에 응하지 않았다.

3) 대한제국의 간도 영유권 보유 노력과 일제의 간도협약

청일전쟁과 대한제국 정부 선포 이후에도 대한제국의 간도 지역에 대한 영토적 관심은 계속 유지되었다. 대한제국은 1902년 이범윤을 북변간도관리사간도관리사로 임명하여 간도 지역에 거주하는 한국인들을 직접 관할하도록 하는 한편, 서울 주재 청국공사에게도 간도 소유권을 주장하였다. 이범윤은 군사력을 가진 청 관리나 군대, 지역의 무장 세력들이 한국인들의 생명이나 재산을 위협할 경우 본국 군대가 파견되어야 하지만 국제적 분쟁으로 확대될 가능성을 우려하여 주민들을 모아 사포대를 조직하였다. 그러나 청 관리나 군대, 무장 세력들과 사포대의 충돌이 잦아지자 대한제국 정부는 분쟁 확대를 꺼리며 1904년 이범윤을 소환했다. 이어서 양국은 〈선후장정〉이라는 문서를 통해 정확한 감계가 있을 때까지 종래와 같이 두만강을 경계로 서로 간에 불법 월경을 하지 않을 것을 약정했다. 1904년 러일 전쟁을 일으킨 일제도 청에 감계문제를 재개하지 않을 것을 요구하였으며, 청도 이에 응하여 전쟁이 끝날 때까지 간도 문제는 보류 상태가 되었다. 그러나 대한제국은 꾸준히 간도를 영토로 편입하려 하였으며, 함경북도의 일부로 간주하였다. 1907년에 펴낸 장지연張志淵의 〈대한신지도大韓新地志〉〈그림7〉를 보면 두만강 이북의 간도 지역을 대한제국의 영토라 표기하였다. 여기서 간도 지역은 이른바 분계강으로 인식된 하이란허에서 두만강까

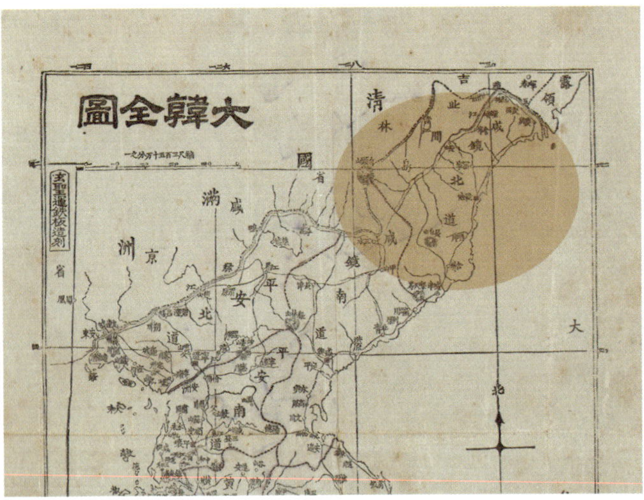

〈그림 7〉
1907년에 펴낸 장지연의 〈대한신지도(大韓新地志)〉 부도(附圖) 전도
동북아역사재단 소장

지의 영역에 해당한다.

1905년, 일제는 러일전쟁에서 승리한 후 대한제국에 을사늑약을 강요하여 외교권을 빼앗은 뒤 통감부를 두어 한국을 실질적으로 지배하였다. 통감부는 당시 대한제국 참정대신 박제순의 요청에 따르는 형식을 빌어 1907년 8월 용정에 통감부 간도파출소를 설치하였으며, 관리와 경찰을 보내 간도에 거주하는 한인들을 통치하기 시작하였다. 청은 간도파출소 설치와 일본 관리 및 병력 진주는 자신들의 고유 영토에 대한 불법 침입이라 반발하였다. 청의 통감부 파출소 퇴거 요구에도 간도파출소는 이를 거부하고 간도는 한국 영토이므로 간도에 거주하는 한국인들은 청 정부에 납세할 의무가 없다고 천명하였다. 또한 『한청 국경문제의 연혁』을 발간하여 간도 지역이 대한제국의 고유 영토임을 입증하려 하였다. 이 책에서 일본은 정계비에 새겨진 '토문강'은 쑹화강의 상류이므로 두만강과 관계가 없으며, 두만강이 결코 천연의 국경선일 수 없다고 논증하였다.

또 통감부는 간도 거주 한국인과 일본인 보호를 명목으로 간도파출소의 경찰 병력과 군헌병 병력을 증강하였다. 통감부의 명분은 청 관리나 군사들의 횡포, 마적 세력의 침략으로부터 한인들을 보호한다는 것이었으나 궁극적인 목적은 이 지역의 이권을 확보하려는 것이었다. 이미 확보한 한반도 외에 두만강 이

북까지 자신들의 영향력을 강화하기 위한 것이었다.

하지만 일제는 1909년 9월에 청 정부와 간도협약을 체결하여 간도 지역이 청의 영토임을 인정하였다. 간도협약의 주요 내용은 다음과 같다.

첫째, 두만강을 양국의 국경으로 하고, 상류는 정계비를 지점으로 하여 석을수石乙水로 국경을 삼는다. 둘째, 용정촌·국자가局子街·두도구頭道溝·면초구面草溝 등 네 곳에 영사관이나 영사관 분관을 설치한다. 셋째, 청은 간도 지방에 한민족의 거주를 승준承准한다. 넷째, 간도 지방에 거주하는 한민족은 청의 법권法權 관할 하에 두며, 납세와 행정상 처분도 청국인과 같이 취급한다. 다섯째, 간도 거주 한국인의 재산은 청인과 같이 보호되며, 선정된 장소를 통해 두만강을 출입할 수 있다. 여섯째, 일본은 길회선吉會線, 연길-회령 간 철도 부설권을 갖는다. 일곱째, 가급적 속히 통감부 간도파출소와 관계 관원을 철수하고 영사관을 설치한다. 즉, 대한제국과 청은 두만강을 국경으로 하고, 강의 수원은 석을수로 하고, 간도의 한민족은 청의 법률 관할 하에 두어 납세와 행정상의 처분도 청인과 같이 취급한다는 것이 간도협약의 핵심 내용이다. 간도협약은 대한제국 정부의 의사와는 관계없이 간도에 대한 청의 영유권을 인정한 조치였다. 일제는 간도협약의 대가로 남만주 지역의 철도부설권을 확보하는 등 여러 이권을 챙겼다. 그러나 영토 문제에 국한하여 본다면 대한제국은 오랫동안 일종의 분쟁 지역이었던 간도는 물론 백두산 천지까지 영유권을 인정받지 못하고 말았다. 백두산의 경우 1712년에 세워진 백두산정계비를 양국 경계의 기준으로 인정하고 두만강의 근원을 석을수로 정한 것은 백두산 천지와 정상 부근을 모두 청의 영역으로 인정한 것으로, 한국은 백두산 천지는 물론 상당 지역의 영유권을 확보할 수 없었다.

4) 북한-중국의 국경 획정 과정

① 북·중 국경 획정의 필요성 제기

광복과 한국전쟁을 거치면서 북한과 중국에서는 국경을 확정해야 한다는 필요성이 대두되었다. 양국은 압록강과 두만강을 기본 경계로 한다는 점에 이의가 없었으나 백두산 영유권 문제와 두만강 수원 문제 등에서는 입장이 갈렸다. 북한은 백두산이 우리 민족의 성산이고 산천지맥의 출발이라는 인식이 강했으며, 김일성과 북한 지도부들의 상당수가 백두산 일대에서 항일 빨치산 투쟁을 전개하였다고 하면서 백두산 천지는 양보할 수 없다고 강변했다고 한다. 이에 대해 중국은 과거 조선과 청이 세우고, 간도협약 때도 경계 획정의 기준이 된 백두산정계비로 국경을 정해야 한다는 입장을 취하며, 백두산정계비 터는 천지 남쪽에 있으므로 천지 전체도 중국 것이라는 입장을 고집하였다.

갈등이 고조될 즈음 중국이 먼저 손을 내밀었다. 중국은 주변 여러 나라와 2만여 킬로미터의 국경선을 접하고 있었으며, 대부분의 국경선이 역사적으로 분쟁을 겪었다. 이 때문에 중국 외교에서 국경 문제 해결은 우선순위에 올라있는 정책 과제였다. 특히 한국전쟁에서 미국과 싸운 이후 미국이 신생국인 중국을 압박하고 있다고 보았다. 그 일환으로 미국이 중국과 지리적으로 접한 국가들의 관계를 이간시키기 위해 역사적으로 미해결 상태로 내려오고 있는 국경분쟁을 이용하려 한다고 생각했다. 이에 중국 지도부는 1956년부터 국경 문제 해결이 필요하다는 인식을 가지고 10여 개국과 논의를 시작하며, 우선 미얀마를 시작으로 경험을 쌓고, 그 후에 다른 나라와도 진행하겠다는 계획을 세웠다. 하지만 이 과정에서 인도와 협의한 결과는 북한 등 주변 국가와의 국경 문제에도 큰 영향을 미쳤다.

1959년 3월, 티베트에서 대규모 반중 폭동이 발생하여 달라이 라마가 인도로 피신하면서 중국과 인도의 관계가 급속히 악화되더니 급기야 무력충돌로 비화되었다. 설상가상으로 소련은

1962년 10~11월 중·인 국경전쟁 당시 공개적으로는 유보적인 태도를 보였으나 실제로는 이미 8월에 인도에 미그 전투기 공장 건립 합의서에 조인하는 등 인도를 지지하고 있었다. 중국은 이러한 소련의 태도에 대해 소련이 중국의 인접 국가들을 이용하여 중국을 견제한다고 의심했다. 이러한 이유로 중국은 인접 국가와의 분쟁을 사전에 막기 위해 국경 문제 해결에 박차를 가하였다. 그 결국 1960년 10월에는 미얀마 및 네팔과, 1962년에는 북한, 몽골과 연달아 국경조약을 맺게 되었다.

북한은 소련과의 관계 악화와 북·중 동맹 강화가 국경협상에 나서는 중요한 요인이 되었다. 소련은 중·인 분쟁에서 사실상 인도를 지지했고, 1962년 5월에는 당시 사회주의 진영에서 현대수정주의의 상징으로 낙인찍힌 유고슬라비아와의 협력을 천명하였다. 이러한 일련의 사건들은 당시 정통 마르크스주의 노선을 표방하던 북한으로 하여금 소련의 평화 공존 노선에 의심을 품게 하였고, 동시에 같은 입장을 내세우던 중국과의 관계는 더욱 긴밀해졌다.

1962년 가을부터 1964년 10월까지 북한과 소련은 정부대표단 방문이 한 번도 없을 정도로 상황이 악화된 반면 중국과는 김일성과 저우언라이가 상호 비공식 방문한 것을 비롯하여 각종 교류와 연대가 활발히 이루어졌다. 이런 분위기 속에서 북한은 국경선 협상에 적극적으로 임하게 되었으며, 아울러 중·소 분쟁으로 북한의 전략적 가치가 더욱 높아져 국경선 협상을 유리하게 이끌었다. 그 결과 천지의 절반을 확보하는 성과를 거두게 되었다.

② 백두산 지역의 국경선 획정

백두산 지역의 국경선을 정하는 과정에서 북한과 중국은 백두산 천지의 경계부터 획정하였다. 우선 천지를 반분하기로 하고, 천지를 에워싼 봉우리들의 서남단 2,520고지제운봉와 2,664고지청석봉 혹은 옥주봉 사이의 대체적인 중심점에서 동북쪽을 향해 직선으로 가로질러 맞은편 2,628고지쌍무지개봉와 2,680고지천문봉 사이의 대체적인 중심점을 잇는 선을 기준으로 동남쪽은 북한에, 서북쪽은 중국에 속하도록 하였다.

천지에서 압록강에 이르는 국경선은 천지를 나눈 경계선 서남단 끝에서 시작하여 천지를 둘러싼 봉우리들의 동남방을 따라 최남단 산등성이의 한 점을 지나, 동남방 2,071고지 동쪽에서 압록강 상류의 작은 지류를 따라 압록강 본류와 합류되는 지점으로 획정하였다.

천지에서 두만강에 이르는 국경선은 천지 경계선 동북단에서 동쪽으로 직선을 그어 2,114고지까지, 여기서 다시 직선으로

〈그림 8〉
북한-중국 4호 경계석(위: 중국 쪽에서 촬영 / 아래: 북한 쪽에서 촬영)

〈그림 9〉
압록강 상류의 북한-중국 국경선에 세워진 철주와 철망

1,992고지까지, 다시 직선으로 1,956고지를 경유하여 1,562고지까지, 다시 직선으로 1,332고지까지, 다시 직선으로 두만강 상류의 지류인 북한 쪽 홍토수와 북쪽에서 내려오는 지류가 합류하는 지점까지 연결하였다. 여기서부터는 홍토수 물줄기를 홍토수와 중국 쪽 약류하가 만나 본격적으로 두만강 물줄기가 확연해지는 지점까지 국경으로 설정하여 백두산 지역에 합의된 국경선은 45㎞였다.

압록강과 두만강 상류에서 하류까지는 강을 경계로 국경선을 설정하였으며, 압록강 위의 섬과 사주 205개 가운데 127개는 북한, 78개는 중국 것으로 하였다. 또 두만강 위의 246개 섬과 사주는 북한 137개, 중국 109개로 나누었다.

③ 경계석 설치

백두산 천지를 나눈 북한과 중국은 정상 부근의 물이 흐르지 않는 부분에는 도상으로 경계선을 정하고, 21개소에 28개 경계석을 설치하였다. 콘크리트 철근으로 만든 경계석은 대형과 소형이 있으며, 그 중심에는 철심을 넣었다. 압록강과 두만강 시작점에는 각각 3개씩 대형 경계석을 세우는 등 4개 경계 지역에 복수의 경계석을 세웠다.

모든 경계석의 중국 쪽 방향에는, 즉 북한에서 중국 쪽으로 보는 면에는 '中國'이라는 한자를 넣고, 북한 쪽 방향, 즉 중국에서 북한 쪽으로 보는 면에는 '조선'이라는 한글을 새겨 넣었다. 그 아래에는 일련번호와 경계석을 세운 연도를 표시하였다. 현재 경계석들은 1990년에 일괄적으로 세운 것들이다.

압록강 상류 북·중 경계는 강으로 설정되어 있어서 별도의 표지가 없었으나 근래 중국에서는 강을 따라 지주를 늘여 세우고 철망을 붙여 월경을 막고 있다.

④ 북·중 경계에 대한 평가

1962년 조약에 따른 북·중 경계는 간도협약 당시의 경계에 비하면 백두산 천지를 절반 이상 북한 소유로 확보한 것이고, 정상 부근의 땅도 더 가지게 되었으며약 280㎢, 압록강과 두만강 위의 섬과 사주도 많이 차지하게 되어섬과 사주 451개소 중 북한 264개, 중국 187개 전반적으로 북한에 유리하게 귀결되었다. 중·소 분쟁을 겪는 와중에 친중 노선을 취하고 있던 북한에 대한 중국의 배려로 중국 외교에서는 보기 힘든 장면으로 평가받고 있다.

나. 백두산에 대한 인식 변화

1) 고려시대의 백두산 인식

삼국시대에 백두산을 어떻게 인식하고 있었는지 알 수 있는 명확한 기록은 찾기 어렵다. 지역적으로 연관성이 부족한 신라와 백제를 빼고 경내에 백두산을 포괄하고 있던 고구려에서는 백두산에 대한 인식체계가 있었을 것으로 보인다. 고구려 시조 주몽에 관한 동명신화에는 금와가 유화부인을 만난 태백산이 백두산인 것으로 추정되지만 명확하지는 않다.

고려시대의 백두산은 역내는 아니었지만 그에 대한 인식은 존재했다. 고려 왕실의 내력을 설명한 『고려사』「고려세계高麗世系」편에서는 태조 왕건의 선조인 호경이 성골장군이라 자칭하면서 백두산에서부터 전국산천을 두루 유람하다가 부소산 부근에 정착하였다고 한다. 또 신라 말 풍수지리설을 전파한 승려 도선이 백두산에 올랐으며, 백두산의 지맥은 왕건 가문의 터전인 곡령까지 이어져 있다고 말하였다고 한다.

한반도의 지맥이 백두산에서부터 비롯되었다는 인식은 고려 중기에 일반화되었던 것으로 보인다. 12세기 후반 이인로는 지리산을 설명하면서 백두산에서 일어난 기운이 지리산까지 이르렀다고 설명하였다. 그는 백두산이 금나라에 있는 산이라고 알고 있었음에도 지리산의 근원을 백두산에서 찾은 것이다.

백두산에 대한 인식이 부각되던 고려 중기는 풍수지리설이 크게 유행한 시기였다. 백두산을 한반도 산맥의 근원으로 생각하는 지리 인식은 풍수지리와 밀접한 관련이 있었다.

백두산을 고려 산천의 으뜸으로 인식하는 배경에는 풍수지리사상 외에 고려의 천하관도 작용하였다. 고려는 천자, 즉 황제국을 자칭하며 요하 동쪽 지역을 고려의 천하로 인식하고 있었다. 이는 황하 지역에 근거를 둔 한족 중심의 중국 왕조와 조공

책봉 관계를 맺으면서도 동북아시아에서 독자적인 천하관을 가졌던 고구려의 인식체계를 계승한 것이라 할 수 있다. 비록 백두산 주변 지역은 고려의 실질 지배 지역 밖에 있었으나 백두산을 고려의 천하에 포함시켜 산천의 으뜸임을 널리 알렸다.

고려시대에는 산악숭배 신앙이 널리 퍼져 전국 각지의 명산을 제례 대상으로 삼아 국가나 지역의 안녕과 안위를 기원하였다. 백두산 역시 중요한 제례 대상이었으며, 묘청이 서경천도를 추진하는 과정에서 평양에 임원궁을 짓고 고려 명산 신령을 모신 팔성당을 두었을 때 호국백두악 태백선인 실덕문수사리보살을 첫 번째 성인으로 모셨다. 이는 백두산이 지리적 개념뿐 아니라 신성한 산이자 신앙의 대상으로 숭배되었음을 보여주는 것이다.

풍수지리의 유행과 함께 고려의 지맥은 '백두산에서 시작하여 지리산까지 이어진다'는 인식체계도 확고히 자리 잡고 있었다. 서경천도를 주장한 묘청의 반란이 진압되며 서경의 팔성당도 없어지고, 백두산을 제례 대상으로 삼아 숭배하는 기록 역시 오랫동안 등장하지 않는다. 그러나 백두산을 숭배하는 의식과 산악의 기원으로 여기는 인식은 그대로 전승되었다. 또 공민왕대 쌍성총관부를 공략하며 백두산을 직접 볼 수 있는 갑산 지역까지 진출하면서 백두산을 북쪽 경계로 보는 인식이 생겨났다. 이색은 '우리나라고려의 땅은 삼면이 큰 바다이며, 북쪽으로는 장백산백두산에 이른다'고 하였다.

2) 조선 전기의 백두산 인식

조선 초에도 '우리의 산천이 백두산에서 시작하여 지리산을 거쳐 바다로 이어진다'는 고려시대의 관념이 유지되었다. 관찬 지리서인 『신증동국여지승람』에는 백두산 지맥이 이어져 금강산·지리산 같은 명산을 이루었다고 서술되어 있으며, 개인 저작에서도 각 지역의 주산이나 진산, 명산 등은 백두산의 내맥이 이어진 것이라고 설명하는 경우가 많다.

그러나 백두산은 국가의 공식적인 제례 대상은 아니었다. 1414년태종 14 예조에서 산천에 대한 국가 제사 제도를 논의하였을 때 백두산 제례는 인정되었으나 중앙정부가 주관하는 것이 아닌 영흥 지방관이 봄가을 두 차례 제례를 담당한 것이다. 이후 1437년세종 19 국가 제사 대상을 재정비할 때는 아예 제외되었다. 당시 대상으로 선정된 산들은 지리산전라도 남원, 삼각산서울 북쪽, 송악산개성 서쪽, 비백산함경도 정평 북쪽 등 4개였다. 백두산이 빠진 까닭은 경내에 있지 않기 때문이다. 비록 4군 6

진을 개척하여 압록강과 두만강을 조선의 국경선으로 삼았으나 두 강의 상류 지역과 무산고원 일대까지 완전히 장악하여 백두산 지역 전체를 확보한 것은 아니었다. 또 백두산 주변 지역은 많은 사람이 상주할 수 없는 험한 지형이었기 때문에 백두산을 경내로 보기는 어려웠던 것이다.

1456년세조 3 양성지1415~1482는 백두산의 위상을 강조하면서 백두산을 북악, 구월산을 서악, 지리산을 남악, 금강산을 동악, 삼각산을 중악으로 삼아야 한다고 주장하였고, 세조도 이를 긍정적으로 평가하였다. 그럼에도 국가 제례 대상은 바뀌지 않았다. 두만강이 제례 대상에 포함되었던 것에 비해 그 발원지인 백두산이 제외된 것은 모순이라 할 수 있다. 하지만 강역 내에 있지 않고 직접 가서 제사할 수도 없었기 때문에 제외될 수밖에 없었다.

그럼에도 불구하고 당시 인사들은 백두산을 다양한 방법으로 적극적으로 인식하고 있었다. 남이 장군1441~1468은 '백두산의 돌은 칼 갈아 닳게 하고, 두만강 물은 말 먹여 없애네白頭山石磨刀盡 豆滿江波飮馬無'라고 시를 지었고, 남곤1471~1527은 절도사 이장곤을 보내며 시를 남겼다南袞送節度使李長坤賦.

어찌하면 그대와 함께 수레에 타고 신마神馬를 몰아 사

막을 건너고 푸른 안개를 넘고

백두산 정상에 올라서는 윤관의 공적비를 바라보면서 어루만질 것을 생각하고

넓은 바다에 닿아서는 파란 바닷물을 떠 마셔 가슴속의 높은 기상을 달래고

정벌하고 돌아와 천하를 하나로 만들었다고 아뢸 수 있을 것인가.

安得與君駕尻輪而馳神馬 絶大漠而凌蒼霞 陟白山絶頂兮 望尹碣以摩挲 臨瀚海而酌蒼波 洗胸中之嵯峨 奏徽招而歸來 以獻夫胡越一家之歌

유자광?~1512도 여진을 정벌하면 '백두산에 비를 세우고 흑룡강물을 말에게 먹일 수 있을 것이다立石白頭山, 飮馬黑龍江'라고 언명한 바 있다.

모두들 백두산의 위상을 차용하여 군사적 공훈을 기리고 있음을 알 수 있다.

백두산은 북방 경계의 지표로도 이해되었다. 기준1492~1521은 '백두산 아래 두만강이 있고, 강 북쪽과 남쪽은 이방의 경계다白頭山下豆滿江° 江北江南界異邦'라고 하여 조선과 이역을 나누는 기준으로 백두산과 두만강을 제시하였다. 백두산과 두만강을 북쪽 강계 기준으로 보는 동시에 이를 넘어선 영역까지 관심을

가졌던 영토 의식을 엿볼 수 있다.

이러한 적극적인 영토관을 가장 잘 나타낸 것이 양성지의 '만리지국萬里之國'이다. 그는 요하 동쪽은 모두 조선의 역사적 판도이며, 그 영역은 만 리가 넘는다고 주장하였다. 그에 따르면 백두산은 영토의 북쪽 끝이 아니라 중심에 해당한다. 현실적으로 그곳까지 차지하지 못하고 있다 해도 백두산은 최소한 조선의 북악이 되어야 한다고 여겼다.

백두산을 북방 강역의 중심으로 보는 의식은 고려 때 윤관이 여진인들을 몰아내고 세운 선춘령에 대한 관심으로 이어진다. 『세종실록』「지리지」에는 함경도 강역이 철령에서 공험진까지 1,700리이며, 백두산 물줄기가 북쪽으로 흘러 소하강이 되고 공험진과 선춘령을 거쳐 수빈강이 되어 바다에 들어간다고 하였다. 또 경원의 경계는 '북쪽으로 공험진, 선춘령까지 700리'라고 하였다. 이는 실제 영역을 설명한 것이기보다는 조선의 역사적인 영역이 백두산 이북까지 이어졌으며 수복해야 한다는 의지가 반영된 것이다.

현실적으로 백두산은 북만주와 접하는 경계로 관심의 대상이었다. 조선은 백두산 남쪽에 거주하는 여진인뿐 아니라 북쪽의 여진인 동향도 주시하며 지속적으로 지역 사정을 파악하려 애썼다. 16세기 들어 서북변에 대규모 충돌 가능성이 줄어들면서 백두산 및 북방 지역에 대한 관심은 두드러지지 않았다. 다만 두만강변에 거주하는 여진인들의 침범 행위가 끊이지 않아 이에 대한 대비책은 계속 강구되었다.

3) 조선 후기 백두산의 상징성 확대

① 지맥 관념의 확대

앞서 살펴본 바와 같이 백두산은 공식적인 국가 제례의 대상은 아니었지만 상징성은 조선 초기부터 계속 유지되었다. 이에 더하여 조선 후기에는 백두산에서 비롯된 지맥이 한반도를 넘어 제주도와 대마도는 물론 일본 열도 전체로 이어진다고 보는 관념이 확산되었다. 백두산을 한반도뿐 아니라 일본 열도의 시원으로 인식한 것이다.

고려 때 지어져 조선시대까지 널리 읽힌 풍수지리서 「옥룡기玉龍記」에 따르면 백두산의 지맥은 지리산을 거쳐 남해에서 그친다고 한다. 그러나 조선 후기에 널리 받아들여진 남사고南師古, 1509~1571의 주장에 따르면 백두산의 지맥은 지리산을 지나 바다를 가로질러 제주의 한라산과 일본의 여러 섬을 이루었다고 한다. 조선의 산천을 인체에 비유하면 백두산이 머리가 되고, 태백산맥이 척추가 되며, 머리를 기울이고 등을 굽히고 선 것으로 볼 경우 대마도와 제주도는 양 발에 해당하는데 여기서 더 나아가 백두산 지맥이 일본 열도를 이루었다고 보는 것이다.

1636년인조 14 통신사 부사 자격으로 일본에 다녀온 김세렴金世濂, 1593~1646은 후지산을 비롯한 일본의 산세에 대해서 다음과 같이 서술하였다.

> 왜국의 모든 산들은 모두 후지산을 우두머리로 삼으니, 한 줄기는 마침령磨鍼嶺을 거쳐 남해도南海道의 여러 산이 되고, 한 줄기는 서북으로 이어 뻗어 교토의 진산鎭山이 되었으며, 다시 나뉘어서 산양도山陽道 등의 여러 산을 이루었는데, 그 사이에는 평야가 많다. 들어보니 후지산은 육오陸娛에서 시작되는데, 육오는 우리나라의 북방 오랑캐들 땅과 가장 가까운 곳이라, 거리는 겨우 400리이지만 땅이 질어 인마가 다니지 못한다고 한다. 육오의 지형은 백두산을 본원으로 삼아야 마땅하다.

일본의 모든 산은 육오에서 시작된 후지산을 우두머리로 삼는데 육오의 지형은 백두산의 맥이 이어져 이루어졌다고 본 것이다.

후지산이 일본에서 가장 높은 산이며, 사계절 흰 눈에 덮여 있고, 일본인들이 신성시한다는 수준의 정보는 이전에도 알려져 있었으나 이를 지맥과 관련지어 보는 경우는 드물었다. 그러나 도쿠가와 바쿠후가 성립된 이후 새롭게 정치의 중심이 된 에도江戶에 다녀온 통신사들은 후지산을 직접 보며 이를 일본의 으뜸으로 인식하게 되었던 것이다. 특히 정상 부근이 사시사철 눈으로 덮여 있어 외견상 백두산과 닮았고, 이 때문에 백두산과 연관짓기도 하였다. 1763년영조 39의 통신사 조엄趙曮은 후지산 정상이 흰색이고 연못이 있으므로 백두산의 자손에 해당된다고 말하였다.

후지산이 백두산의 지맥에서 비롯되었다는 의식은 백두산과 비교하여 그 위상을 낮게 보려는 태도로 나타났다. 1655년효종 6의 통신사 종사관인 남용익南龍翼, 1628~1692은 후지산을 처음 보았을 때는 일본의 제일명산이며, 뭇 산들이 굽어보는 신비함을 갖추고 있다고 평가하였다. 그러나 일인 승려들과 대담하면서 그들이 후지산의 풍경을 자랑하는 내용의 시를 짓자, 그 역시 시를 지어 응수하면서 조선에는 웅장한 백두산이 있고, 또 삼신산금강산, 지리산, 한라산이 있어 그 위상이나 근원을 비교할 수 없을 정도인데, 후지산은 쓸데없이 높기만 하다고 낮게 평가하였다.

남용익이 일본 승려들과 주고받은 시의 내용을 보면 일본 승려 중달中達은 백두산에서 비롯된 묘향산, 지리산, 금강산, 한라산 등이 아름답다고 하지만 후지산이 더 높고 기상이 넘치며 중국에 있었다면 태항산太行山과 비교해도 빠지지 않을 만큼 웅장하고 기이하다고 자랑하였다. 이에 대해 남용익은 후지산이 높고 기이하다는 것을 인정하면서도 지나치게 뾰족하고 넓고 커서 풀과 나무조차 자라기 어렵고 쓸모가 없으며, 그같이 지나치게 높은 것은 하늘 아래 서 있기 어려우니 하늘의 주벌을 받게 되리라 하였다. 아울러 중국의 곤륜산이 태산을 비롯한 여러 명산의 으뜸이 되었던 것과 마찬가지로 백두산 역시 북방에 우뚝 솟아 있고 여기에서 뻗어 나온 산맥이 끊어지지 않고 이어지는데 후지산이 백두산이나 곤륜산에 굴복하지 않고 서 있는 것은 참람한 것이라 하였다. 이처럼 후지산의 형승을 인정하면서도 굳이 백두산이나 조선의 명산과 비교하여 그 가치를 깎아내렸던 것은 병자호란을 겪은 후 북벌을 내세우며 고유성과 독자성을 강조하려는 일환으로 짐작된다.

이와 같이 의도적으로 후지산을 낮추어 보려는 정도는 아니었어도 백두산의 맥락이 이어져 후지산을 이루었다고 보는 견해는 일반적인 경향이었다. 백두산은 조선 산천의 으뜸이며 근원일 뿐 아니라 일본 산천의 으뜸이자 근원인 후지산까지 그 지맥이 이어진 것이라는 지맥 관념이 확대된 것이다.

② 왕조 발상지로서의 백두산 인식

병자호란 이후 조선과 청 사이에는 대규모 충돌이나 침략이 일어나지 않았으나 긴장관계는 한동안 유지되었다. 특히 북벌을 내세우고 있던 조선은 재침에 대비한 성곽 보수와 방어체계 정비에 주력하였다. 따라서 전쟁이 일어날 경우 싸움터가 될 평안도나 황해도 등에 비해 함경도나 백두산 일대는 상대적으로 관심이 줄어들었다. 그러나 압록강과 두만강 연변에 거주하던 여진인들이 중원으로 이동하여 세력의 공백이 생기자 조선인들의 이주와 경작을 인정하고 1684년숙종 10에 무산을 도호부로 승격시키는 등 북변 지역 개발이 꾸준히 진행되었다. 특히 1712년숙종 38의 조·청 정계는 백두산에 대한 인식 변화에 큰 영향을 준 사건이었다.

백두산 정계 이후에도 양국의 경계가 되는 강과 수원 문제 등은 후대에도 지속되었으나 당시 조선은 압록강과 백두산, 두만강 남쪽 지역을 영토로 완전히 보장받았다고 간주하였다. 이후 확보된 영토를 개발하고 상주인구를 늘리면서 지리 정보를 축적하여 국경과 영토에 대한 관심을 높였다. 이러한 배경으로 북방의 중심으로 인식되었던 백두산의 상징적 의미는 더욱 확대되었다.

정계 이후 가장 두드러진 변화는 백두산이 조선 산천의 으뜸으로 공인되어 국가의 정식 제례 대상이 된 것이다. 백두산을 조선 산천의 우두머리로 보는 견해는 이전부터 널리 퍼져 있었으나 경내의 산이 아니라는 이유로 제외되어 있었다. 1760년영조 37 예조판서 한익모韓翼謩, 1703~1781의 발의로 제기된 백두산 제례 문제는 집중적인 논의를 거쳐 1767년영조 43에 확정되었다. 한익모는 백두산이 조선 산천의 우두머리이며, 정계 이후 적어도 절반은 조선에 속하게 되었으므로 국가 제례의 대상으로 삼아야 하고, 오르는 길이 험난하다면 수백 리 밖에서 제사를 지내는 청나라의 예에 따라 무산 등 가까운 곳에 단을 세우고 제사를 올려야 한다고 주장하였다.

한익모의 제안이 곧바로 수용된 것은 아니었다. 판중추부사 서지수徐志修, 1714~1768와 형조판서 홍중효洪重孝, 1708~1772는 태조의 조상들이 활동하였던 함경도 경흥은 백두산과 거리가 멀며, 백두산이 조선 산천의 우두머리라는 관념 역시 정사나 경전에 실린 내용이 아니라 참설에 불과하므로 국가 제례의 대상을 함부로 바꾸어서는 안 된다고 반대하였다. 또한 정계비가 있는 분수령에서도 정상까지 거의 하루거리이므로 백두산을 조선 강역에 있는 산이라고 하기도 어렵다는 것이다.

이에 대해 한성판윤 조명정趙明鼎, 1709~1779 등은 백두산이 조선 산천의 으뜸이며 정계 이후 절반은 이미 조선의 것이 되었다고 하였고, 이 지역은 태조의 선조들이 활동한 지역이므로 영조 임금은 그 덕에 보답하는 의미에서도 백두산에 제례를 올려야 한다고 강력하게 주장하였다.

영조는 여러 의견을 수렴하여 백두산이 바라보이는 곳에서 망사望祀 형식으로 제사를 지내도록 결정하였다. 이제 백두산은 명실공히 조선의 으뜸 산으로 인정된 것이다.

백두산이 국가의 공식 제례 대상이 됨에 따라 신성한 존재로 보는 인식체계는 더욱 강화되었고, 백두산을 머리로, 한반도의 산천은 신체의 사지로 이해하는 유기체적 국토 인식이 완전히 자리 잡았다. 전국의 지세나 북방 지역을 묘사한 고지도는 이러한 특징을 잘 보여주는데 백두산의 신성함을 강조하고 있다. 지도에 백두산을 묘사하면서 실제 크기보다 과장하여 그리고 백두산에서 비롯된 산천의 지맥을 명확히 나타내는 경향은 이전부터 보였지만 국가의 제례 대상이 됨으로써 이러한 인식체계가 공식화된 것이다. 백두산을 강조하고 신성화한 것은 백두산과 북방 지역을 상징화함으로써 국가의 정체성을 강화하려는 노력의 반영이었다.

특히 영조는 백두산을 왕조의 발상지로 이해하려 하였지만 이러한 관념이 쉽게 받아들여지지는 않았다. 왕실에서는 창업 초기부터 백두산을 으뜸 산으로 인식하고 있었지만 본향이 전주인 왕실의 선조들이 주로 활동하였던 함흥, 영흥 일대나 경흥 지역은 백두산과 상당히 떨어진 곳이었으므로 백두산에서 왕업이 시작되었다고 보기는 어려웠다. 실제로 왕실 조상들의 여러 업적과 관련된 설화나 유적은 백두산과는 관련성이 거의 없었다. 이 때문에 영조가 백두산을 왕조의 발상지로서 의미를 부여하고 제례를 제도화하자 곧바로 이의가 제기되었다. 그럼에도 불구하고 영조는 백두산과 북방 지역을 왕조의 발상지로 상징화함으로써 국왕의 권위를 높이려 하였다.

백두산을 왕조의 발상지로 인식하고 정식 제례 대상에 포함시키려 한 영조의 시도는 백두산을 성역화하려는 청의 움직임에 자극을 받았기 때문이다. 청은 17세기 후반부터 각지의 반란을 진압하여 정세를 안정시키는 한편 백두산을 시조의 발상지로 여기며 성역화를 추진하였다.

강희제는 1677년강희 16에 장백산백두산이 조상들의 발상지인데 정확히 아는 사람이 없다는 이유로 내대신內大臣 각라무묵납覺羅武默納과 시위侍衛 비요색費耀色 등을 파견하여 장백산에 이르는 경로를 파악하고 제례를 올리기 좋은 장소를 확인하도록 하였다. 이들이 귀환하자 발상지로서의 신비함을 다시 강조하면서 봉호를 정하여 제례 대상으로 삼으라고 예부에 지시하였다. 곧이어 장백산을 장백산지신長白山之神으로 봉하고, 매년 두 차례씩 관원을 보내 망제望祭를 지내도록 하였다. 또한 길림 지역을 순행할 당시 쑹화강변에서 직접 백두산 망제를 지냈다. 옹정제는 길림장군을 시켜 휘하 관원들과 함께 소백산 망제전에서 황제를 대신한 장백산 망제를 올리게 하였다. 건륭제 역시 1754년건륭 19 순행 때 소백산 망제전에서 친히 망제를 지냈다.

1777년건륭 42 간행된 『만주원류고滿洲源流考』에는 장백산 천지에서 목욕하던 세 천녀天女 가운데 막내가 신비한 까치가 떨어뜨린 붉은 과일을 먹고 아들을 낳았는데 그가 훗날 만주라는 나라를 세웠다고 기록되어 있다. 청은 자신들의 발상지가 백두산이라는 주장을 이렇게 정리하였다.

청의 천하지도 제작과 병행된 백두산 성역화는 조선의 경계심을 자극하였다. 조선은 청이 백두산 일대와 압록강, 두만강 북안 지역에 대한 지형조사를 실시하자 중원에서 세력을 유지하지 못하고 만주로 돌아갈 경우를 대비한 활동으로 간주하였다. 이 때문에 조선은 청 황제의 북방 지역 순력이나 백두산 치제를 위한 관원 파견에 민감히 반응하며, 문안을 빌미로 경로와 행적에 대해 탐문하고, 지도 제작 활동을 방해하려 하였다.

이러한 청의 활동은 조선으로 하여금 백두산에 대한 관심을 고조시키는 계기가 되었다. 영조는 즉위 초부터 백두산 정계 당시의 사정에 관심을 가지고 지도를 근거로 백두산 부근의 축성과 진보 이설에 대해 논의하도록 하고, 상세한 지형조사를 지시하였다. 또한 이러한 관심과 정보를 바탕으로 백두산을 국가의 공식 제례 대상에 포함시켰으며 왕조의 발상지로도 인식하였다.

영조의 뒤를 이은 정조 역시 세손 시절에 이미 백두산을 발상지로 인식하고 시를 지을 정도로 관심을 두었다. '동북의 여러 산들은 모두 백두산을 조상으로 삼으며, 우리 조선의 왕업을 일으킨 자취는 백두산에서 비롯된 것이다東北諸山 皆以白頭爲祖 我朝興王之跡 實基於此.' 또한 금·청 모두 백두산 줄기에 웅거하여 세력을 키웠음을 강조하면서 '태산의 맥이 백두산으로부터 왔다'는 강희제의 말을 인용하여 백두산을 동북의 조종이라 했다. 조선왕조의 발상지일 뿐 아니라 동북 지역의 중심으로 백두산을 인식한 것이다.

③ 북방 영토 의식 확대와 백두산

조선 산천의 근원으로 여겼던 백두산은 일정 고도 이외의 지역은 척박한 불모지대로 농경이나 거주에 적합하지 않아 수렵이나 삼 캐는 일에 종사하는 소수의 사람들 이외에는 왕래하는 경우가 거의 없었다. 1712년 정계 이후 조선의 강역이라는 관념이 확산되고, 조종산이자 왕조의 발상지로 인식되는 등 신성성이 강화되어 그 위상이 높아지게 되자 백두산을 직접 답사하고 기행문을 남기는 사례가 크게 늘어났다. 17세기 중엽 이래 압록강과 두만강 상류 지역에 주민 거주와 개간이 허용되어 새로운 행정구역이 설치되고 도로가 열리는 등 접근성이 높아진 것도 이러한 풍조의 확산에 기여하였다. 1827년 백두산에 다녀온 박내겸朴來謙, 1780~1842은 삼산평 일대를 지나면서 자신이 백두산에 오기 전에 읽은 『해악일기海嶽日記』에서는 삼나무가 빽빽이 들어차 하늘을 가릴 지경이라고 했는데 자신이 갔을 때는 이미 옥토로 변해 마을이 연달았다고 하였다.

물론 두만강 상류 지역이 개발되었다고 해도 18~19세기에 백두산을 탐방하는 것은 편안한 여정이 아니었다. 백두산 등정의 출발지는 주로 함경도 무산이었는데 정상까지 왕래하려면 최소 열흘 이상이 소요되었다. 박내겸은 8월 24일에 무산을 출발하여 8월 28일에 천지에 올랐고, 9월 2일 저녁에 귀환하여 왕복 기간이 열흘 미만이었다. 16세기 중엽에 회령에서 백두산까지 편도 열흘 이상 소요되었던 것에 비하면 크게 단축되었다고 할 수 있다. 이 경우 귀환일이 정해져 있었기 때문에 촉박하게 다녀온 것이었으므로 일반화하기는 어렵다.

백두산 등정의 어려움은 무인지경 200리 정도를 오가는 거리상의 문제뿐만이 아니었다. 산길에 능숙한 수렵인이나 채삼인, 벌목인 등이 아닌 외지인이 왕래하기 위해서는 지역 주민들을 동원하여 나무를 베어내고 다리를 놓아야 했고 음식도 준비해야 했으므로 폐단이 컸다. 이 때문에 함경도 관찰사나 남·북병사, 북평사, 무산 부사 등 현직 관원이 아니면 백두산 등정은 시도조차 어려운 일이었다. 그럼에도 불구하고 관리들은 물론 이들과 공적으로든 사적으로든 인연이 있는 인물, 지역의 유력인사, 심지어는 유배된 이들까지 함경도에 갈 기회가 생기면 온갖 방법을 동원하여 백두산을 탐방하고 기행문을 남겼다. 아울러 백두산을 제재로 한 시문도 크게 유행하였다.

백두산에 대한 관심이 커지면서 1712년의 조·청 정계를 비판하는 목소리도 높아졌다. 중국과 우리의 역사적 경계는 요하 혹은 고려 때 윤관이 척경비를 세운 두만강 이북 700리 지경의 선춘령인데 정계 당시 조정이나 담당 관리 모두가 그런 사실을 모르거나 소홀히 하여 많은 영토를 잃고 말았다며 탄식했다. 우리의 강역이 선춘령까지라는 인식은 조선 초기부터 존재했으나 크게 주목받지 못하였다. 그러다가 백두산 정계 이후 이러한 의식이 다시 대두된 것이다. 이러한 입장은 고구려 및 발해 계승 의식과 연계되어 백두산을 조선의 북쪽 경계가 아닌 강역의 중심으로 보는 견해로 발전하였다. 이종휘李鍾徽, 1731~1797

는 백두산 부근과 요동의 청석령 안쪽이 모두 고려의 경계이므로 고려를 이어받은 조선의 영토는 압록강·두만강 대안 지역 전부라고 언명하면서 백두산 북쪽의 통로를 확보하면 발해 고토를 모두 수복하여 영토가 만 리에 이르고 천하를 호령할 수 있을 것이라 주장하였다. 조선 전기에 양성지가 내세웠던 만리지국 관념이 다시 일어난 것이다.

실제로 정계 당시 조선의 목적은 압록강·백두산·두만강 이남 지역을 확보하는 것이었고, 정계 이후에도 백두산을 강역 내의 것으로 볼 수 없다는 견해가 있었던 점을 고려하면, 이러한 주장은 역사적 상황을 무시한 희망사항에 불과했다. 그러나 이러한 관념은 18세기 중반 이래 일반적으로 받아들여졌다는 사실로 미루어 당시 북방 영토에 대한 관심이 고조되어 백두산을 광대한 영토의 상징으로 이해하였음을 짐작할 수 있다.

넓은 영토의 중심으로 인정된 백두산은 진취적인 기상의 표상으로 다시 부각되었다. 18세기 말 함경도에서 유배생활을 했던 김려金鑢, 1766~1822는 남이 장군을 회상하며 다음과 같은 시를 남겼다.

> 백두산의 돌은 헛되이 우뚝 솟아 있고, 두만강 물은 여전히 흐르는데,

장부 스물에 먼저 죽었으니, 누가 말을 물마시게 할 것이며 칼을 갈 것인가.

白頭山石空嵯峨 豆滿江水猶滄洍 丈夫二十身先死 馬誰來飮刀誰磨

비슷한 시기에 남이 장군의 전기를 지은 정범조丁範祖, 1723~1801는 당시 남이의 활동 범위나 여진 정벌 지역에 백두산이 포함되어 있었다고 보기는 어려우나 남이의 시를 근거로 그가 백두산에 올랐다고 단정하였다. 정범조는 백두산에 대한 관심을 여진인들을 몰아내며 전공을 세운 남이 장군과 연결시켜 확대된 북방 영토 의식을 드러냈다.

백두산은 신이한 물건이 생산되는 곳으로도 인식되었다. 성해응成海應, 1760~1839은 임경업 장군이 백두산에서 얻은 철로 장검과 단검을 만들어 바다의 추위도 막았다고 소개했다. 또 백두산 정상에서 나는 약수는 보름이 지나도 맛이 변하지 않으며, 누구든 백두산을 오염시키려 하면 풍운이 일어나 천지가 어두워진다고 하였다. 백두산의 신비로움과 신성성을 부각시킨 것이다.

백두산 부근에 거주하는 주민들은 입산하려는 외지인에게 본격적인 등정에 앞서 반드시 산제를 지내도록 요구하였다. 이는 길 안내와 개척에 대한 보상의 일환이기도 했는데 미신임을 지적하며 거부감을 나타내는 경우도 있었으나 결국은 모두 응하였다.

북방 경계의 지표, 광대한 고대 국가 강역의 중심, 조선왕조의 발상지, 적극적인 영토 의식 등을 상징하는 백두산은 그 자체로 신비하고 신성한 곳으로 인정받았다.

④ 동방산천의 근원, 백두산

조선 후기 일반적인 산천지맥 관념은 곤륜산 줄기가 동쪽으로 와서 의무려산을 이루었으나 지맥이 끊어져 요동 벌판이 되었고, 다시 들판을 건너 이어져 백두산을 이루었다는 것이었다. 하지만 백두산을 곤륜산 유래로 인정하면서도 별도의 국면을 이룬 중심이라고 주장하기 시작했다. 안정복安鼎福, 1712~1791은 다음과 같이 서술하였다.

> 곤륜산은 만산의 우두머리인데 한 줄기가 동방으로 흘러왔다. 백두산은 그 가운데에서 일어나 지리산과 바다까지 계한을 이루었으니 빙 두른 산들이 1,000리라 문물이 스스로 하나의 본향을 이루었다.

백두산에서 지리산까지 하나의 독립된 구역에서 독자적인 역사와 문화를 이루고 유지해 왔다는 것이다.

백두산과 곤륜산의 연계성보다는 각각의 독자성을 강조하는 견해도 나타난다. 홍세태洪世泰, 1653~1725는 '백두산은 동북의 곤륜白山者 東方之昆侖'이라고 규정하고 곤륜산과 맞먹는 위상을 강조하였다. 이재李縡, 1680~1746는 '(백두산이) 북쪽 대륙으로 똬리를 틀고 앉으니 천지가 있고, 동쪽으로 달리는 많은 산들은 자손과 같다'고 하여 백두산의 형세는 곤륜과 맞서는 것이라 평하였다. 1793년정조 17 연행사로 청에 다녀온 김정중도 백두산이 북쪽 한 곳을 차지하고 당당히 서 있는 것은 중국에 굽히지 않는 기상을 보여준다고 하였다. 백두산 주위의 종족들이 독립된 강역과 역사를 가진 국가를 형성하고, 그것이 이어져 내려올 수 있었던 것은 백두산의 기운 덕분이라는 주장이다. 독자적인 영토 의식과 문화적·역사적인 자주성의 상징으로 백두산을 이해하고 있음을 알 수 있다.

홍양호洪良浩, 1724~1802는 '서방의 산들은 곤륜산을 조종산으로 삼고, 동방의 산들은 백두산이 조상이 된다西方之山祖崑崙 東方之山祖白頭'고 규정하였다. 중국의 곤륜산과 조선의 백두산을 동서 지역의 각기 다른 조종산으로 인정해야 한다는 주장이다. 그는 한반도 전체를 '박달나무와 무궁화 삼천리檀木槿花三千里'라고 지칭하며, 조선의 독자성을 보다 강조하였다.

백두산과 곤륜산이 동시에 생겨난 동서 지역의 대표적인 산이라고 주장한 이헌경李獻慶, 1719~1791은 보다 확대된 조종의식을 드러냈다.

> (백두산은) 동으로는 예맥, 북으로는 옥저가 되었고, 남으로 신라와 백제, 서쪽으로 고구려가 되었으니 태산이 곤제 및 제자를 봉한 것과 같다. 또 남으로는 탐부라耽夫羅의 산이 되었고, 동으로 건너가서는 이빨에 검은 칠을 한 인종일본인이 살고 있는 소굴을 이루었는데, 그 가운데 높이 80리 되는 것이 후지산이다. (이처럼) 백두산의 형세가 푸른 바다를 건너 용과 같이 달리니 동남 바다에 있는 많은 나라에 각기 경배하는 진산이 있을 것인데, 그 시조에게 제사한다면 마땅히 백두산 신령을 으뜸으로 삼아야 할 것이다.

백두산은 조선뿐 아니라 고대 여러 나라들의 발상지이고 조선 산천은 물론 일본, 나아가 동남 아시아 여러 나라들에 있는 주산의 조종이라는 관념으로 확장된 것이다.

정약용丁若鏞, 1762~1836의 글은 19세기 초 백두산과 그것이 상징하는 조선의 독자성에 대한 인식을 가장 확실히 보여준다. 그는 먼저 불함不咸, 개마蓋馬, 도태徒太, 백산白山, 태백太白, 장백

長白, 백두白頭, 가이민상견아린歌爾民商堅阿隣 등 백두산의 8가지 명칭을 소개하고, 이름의 유래를 설명하였다. 이어서 백두산 지맥은 선비족이 살던 지역에서 출발하여 흑룡강 위쪽을 지나 조선 북쪽에서 우뚝 솟아 그 지역의 으뜸이 된다고 하였다. 그는 백두산 지맥의 곤륜산 유래설을 부정하지 않았으나 지맥이 연결되었다고 해서 조종과 지손 관계로 볼 수 있는 것이 아님을 다음과 같이 설명하였다.

> 땅 위의 산들은 그 맥락이 모두 이어져 있으니 백두산의 지맥도 반드시 곤륜산과 이어져 있을 것이다. 그러나 곤륜산을 조종으로 받들어야 하고 백두산을 억지로 그 지손으로 삼아야 한다고 보는 것은 올바른 이치가 아니다. 지구는 둥근 것이니 본래 높고 낮음이 없다. 개벽 초에 물이 부딪쳐 흙이 깎여 나가니 단단한 것은 산이 되고 깎인 곳은 계곡이 된 것일 뿐 유능한 장인이 공작을 벌여 서쪽에서 곤륜산이 일어나고 동쪽으로 백두산에 이르기까지 몽염이 장성을 쌓은 것처럼 볼 필요는 없는 것이다. 또한 물의 형세는 닿는 곳에 따라 아래로 흐를 뿐이니 상류라고 해서 높여주고 하류라고 해서 비하할 필요가 없는 것이다. 선현들이 땅에 대해 논하면서 동남쪽을 채우지 않았으니 역시

> 확실하지 않기 때문이었다. 물의 형세가 이미 그러한데 산의 맥락이라고 해서 어찌 반드시 서쪽을 우두머리로 삼아야 할 것인가. 백두산은 동방의 곤륜이다. 칠보산과 금강산은 낭풍현閬風縣과 같고, 포흥圃輿과 개호開湖는 뭇 별의 바다와 같으니, 백두산의 엄숙함은 곤륜과 마찬가지다. 이로써 보건대 호곤퇴虎坤堆라는 곳은 백두산의 북쪽 지맥이며, 백두산이 호곤퇴에서 온 것이 아니다.

지구설에 입각하여 천하의 중심이라는 개념 자체를 인정하지 않은 정약용은 산과 계곡은 침식작용에 의해 나누어졌을 뿐이므로 지맥이 통한다고 해서 곤륜산이 여러 산의 조종이 될 수 없다고 하였다. 산들의 상하관계를 인정하지 않으면서 백두산을 동곤륜이라 칭한 그의 주장은 곤륜산과 백두산을 '서곤륜 동백두' 혹은 '동서의 조종'으로 보는 관점과 맥락이 같다. 중국에 대해서는 독자성을 내세우는 한편 동북 지역에서는 백두산이 여러 산의 중심이라는 점을 강조한 것이다.

조선 후기 지식인 모두가 백두산을 지역적·역사적·문화적 독자성의 상징으로 본 것은 아니었다. 곤륜산에서 뻗어온 산세가 의무려산을 이루었고, 의무려산의 산세가 동쪽으로는 백두산이 되었으며, 서쪽으로는 산해관을 이루었다는 전통적인 관념 역시 상존하고 있었다.

현재 남아 있는 문헌 자료들에 실린 백두산에 대한 관념을 정리해 보면 전통적인 관념에 입각한 인식체계가 훨씬 더 큰 비중을 차지한다. 그러나 백두산 정계와 국가 제례 대상화 과정을 통해 조선 산천의 조종산으로 공인된 백두산을 왕조의 발상지로 간주하고, 독자적인 문화와 역사의 상징으로 보는 시각이 점차 일반화되고 있었음에 주목해야 한다. 이러한 이해 방식이 확산되었기 때문에 백두산은 19세기 말부터 20세기 초까지 이루어졌던 외세의 침략 속에서 민족의 정신적 구심점으로 자연스럽게 부각될 수 있었다.

4) 근대의 백두산 인식

조선 후기부터 19세기 초까지 백두산의 상징적 지위는 충분히 확보되었다고 볼 수 있으나 일반인들에게까지 크게 부각되었던 것으로는 보이지 않는다. 하지만 20세기 전후로 외세의 압박이 심해지고 국가의 독립이 민족의 당면 과제로 부각되면서 신비한 외양과 조선 산천의 근원이라는 이미지를 가지고 있던 백두산은 민족의 상징으로 새롭게 조명되기 시작하였다. 이 시기 단군과 고조선이 근대적 민족국가의 상징으로 부각되면서 백두산은 그 터전으로 공인되었다. 백두산은 단군신화가 일어난 공간으로써 새로운 의미를 부여받게 되었다. 백두산이라는 상징이 단군신화와 더불어 근대 민족주의의 맥락에서 재구성된 것이다.

단군신화에 나오는 태백산, 즉 단군의 아버지인 환웅이 무리를 거느리고 하늘에서 내려온 곳에 대한 논의가 이루어졌다. 『삼국유사』에 단군신화가 수록된 이래 태백산은 묘향산이나 구월산, 백두산으로 해석되었으며 전통적으로 단군사당과 단군묘는 묘향산과 구월산에 집중적으로 설치되어 있었다. 신채호는 『독사신론』에서 태백산이 묘향산이라는 설을 비판하고 백두산이라 주장하였다. 그의 주장은 명백한 실증적 증거에 근거하기보다는 한민족의 독립적인 정체성을 확립하려는 긴박한 시대적 요구에 대한 응답으로 광범위한 호응을 얻었다. 대종교 이론가인 나철과 김교헌은 이를 그대로 받아들였고, 일제강점기 민족주의 지식인들은 대중매체를 통해 국민들에게 효과적으로 전파하였다.

신채호는 단군이야말로 '아와 비아의 투쟁'으로 전개되는 한국사의 맥락에서 사대주의적인 흐름에 맞선 주체적 낭가사상의 원천이라 하고, 단군조선의 수두제전蘇塗祭典, 단군제이 부여의 영고, 고구려의 동맹, 동예의 무천, 삼한의 소도 등으로 이어지다가 고구려 태조왕·차대왕 때 선배仙人 또는 先人제도라는 국가적 차원의 정치제도로 발전했다고 하였다. 또 신라의 화랑제도 역시 고구려 선배제도를 모체로 하여 발전한 것이라 보았다. 그는 고려 중기까지도 낭가사상의 명맥이 이어졌으나 묘청의 서경천도운동 때 국풍파가 유학파에게 패하며 소멸되었다고 하였다. 이와 같은 신채호의 한국사 속에서 단군과 연결된 백두산은 한국사 전개 과정 중 사대주의자에게 소멸된 독립과 전통의 뿌리를 가리키는 상징적 의미를 획득하게 되었다.

신채호의 단군에 대한 관념을 이어받은 나철은 1909년 단군교를 만들면서 백봉이라는 신비한 인물이 백두산에서 수련하며 명맥을 지켜온 포명서를 발표하였다. 그는 단군교가 고대부터 이어져 왔으며, 포명서에는 단군이 백두산에 나라를 건국했다는 사실이 기록되어 있다고 주장했다. 불교, 유교 그리고 일본 등 외래 문화가 전래되기 전부터 단군교가 존재했다는 주장은 오늘날까지 이들에 대항하며 이어져온 민족 고유의 사상과 얼이라는 점을 강조하는 것이었다.

이와 같은 신채호와 나철의 주장은 백두산의 상징성이 근본적으로 변화하는 중요한 계기가 되었다. 한마디로 백두산은 한반도 산천의 으뜸이자 근원이며, 자주적이며, 저항적인 민족정체성의 상징으로 확장된 것이다. 또한 백두산은 한민족의 원형을 기억하고 있으며, 오랫동안 사대주의의 억압을 견뎌내며 민족의 순수한 원형을 유지한 곳으로, 앞으로 세워질 민족국가의 상징으로 변형되었다고 할 수 있다.

이렇게 변용된 백두산의 상징은 한민족의 정체성 및 역사를 통사적으로 파악하면서 특정한 의미를 발견할 수 있게 하였고, 지금 겪고 있는 고통의 의미 그리고 미래의 유토피아적 청사진까지 제시하는 일종의 사회종교 차원의 의미가 더해지며 거대담론으로 변모하였다. 이는 식민지화와 산업화라는 이제까지 한민족이 경험한 바 없었던 격변에 맞설 민족의식을 제고시킬 수 있는 호소력과 강도를 가진 것이었다. 뿐만 아니라 많은 지식인을 위시한 한국인들이 독립투쟁에 헌신하고 민족국가 형성을 향해 매진하게 만들 충분한 에너지를 제공하였다.

국권 상실 이후 민족국가 건설이 중요한 과제로 설정되면서 백두산은 한국인의 정체성과 독립운동의 의미를 상기시켜주는 동시에 새롭게 건설될 민족국가의 비전을 제시하는 상징으로 작동하였다. 이를 위해 나철은 1910년경 직접 등정하고 사진을 찍어 신문에 보도하였다. 대종교는 백두산을 민족정신 고취와 무장투쟁의 근거지로 삼아 1910~1920년대 독립운동을 이끌었다. 아울러 김교헌, 서일, 신채호, 이상룡, 유인석 등 대종교 이론가나 민족주의 사학자들은 대종교 제2대 교주 김교헌이 저

술한 민족주의 역사서 『신단민사』, 『단군실기』와 신채호의 『조선사』 등을 교재로 백두산의 상징과 한민족의 얼을 통합시킨 역사관을 교육했다. 대한독립단의 봉오동전투, 북로군정서의 청산리전투, 무오독립선언 등은 모두 백두산의 근대적 상징과 한국사 담론에 긴밀히 연결된 대종교인들이 주축이 되었다.

20세기 초 민족주의 지식인들도 백두산을 민족의 정체성과 사회종교적 상징으로 여기며 언론매체를 통해 대중에게 확산시켰다. 1921년 『동아일보』는 사회부 기자인 소설가 민태원과 사진반으로 백두산탐험대를 조직해 단군이 태어난 성지이자 조선의 조종인 백두산을 탐사하였다. 그러면서 1921년 8월 6일자 기사에 천지 사진과 4천 년 역사를 가진 조선 민족의 시조 단군이 탄강한 곳이라며 백두산을 소개하였다. 『동아일보』는 백두산 탐사 기사를 17회에 걸쳐 1면에 게재하였으며, 백두산 강연회, 웅변대회, 사진전 등도 개최하였다. 강연회에서는 웅대한 백두산 아래에서 조선 민족이 발원한 것은 조선인이 강인한 민족임을 말해 주는 것이며, 동아시아 역사에 등장한 강한 나라가 백두산을 중심으로 일어났음이 강조되었다.

1926년 『조선일보』는 최남선의 백두산 탐방을 지원하여 77회에 걸쳐 〈단군론〉과 〈백두산근참기〉를 게재하였다. 최남선은 유라시아와 일본을 포괄하는 '동방'의 밝은 문화 지층이 있으며, 이 문화가 가장 잘 보존된 것이 백두산을 중심으로 한 한민족이라 주장하였다. 백두산을 민족주의의 상징을 넘어 '동방'의 상징으로 확장시킨 것이다.

또한 1930년 8월 30~9월 3일 『조선일보』 부사장 안재홍의 백두산 방문기를 〈백두산 등척기〉로 연재하였으며, 1936년에도 백두산탐험단을 구성해 정상을 등정하고, 백두산을 민족의 사랑이자 믿음이라고 보도하였다. 이어서 영화 상영, 사진전, 강연회 등을 개최하여 백두산의 상징성을 널리 알렸다.

국외에서 독립투쟁을 벌이던 독립군들도 백두산을 민족의 상징으로 생각하고 있었다. 신흥무관학교 교가에는 '장백산백두산 및 비단 같은 만 리 낙원은 반만 년래 피로 지킨 옛집'이라 하여 백두산과 만주 지역 전체가 우리 민족의 터전이라 하였다. 1940년대 한국광복군의 〈조국행진곡〉에서도 '백두산은 높이 압록강은 길게 우리를 바라보고 있고'라고 하였다.

5) 남북한의 백두산 인식

광복과 분단, 한국전쟁을 겪으면서도 백두산의 민족적 상징성은 대한민국과 북한에서 모두 그대로 이어졌다. 그러나 그 의미는 큰 차이를 보인다.

대한민국에서는 애국가 첫머리에 '동해물과 백두산이 마르고 닳도록'이라 하여 백두산을 앞세웠고, '민족의 성산聖山' 혹은 '민족의 영산靈山'이라는 수사가 붙을 만큼 한민족의 상징으로 인식하고 있다. 또 군가나 교과서에 통일 의지를 나타내는 표상으로도 자주 거론되었다. 육군 군가 중 〈육군가〉에서는 '백두산 정기 뻗은 삼천리강산'이라 하여 백두산을 우리 국토와 민족의 상징으로 이해하고 있으며, 〈진군가〉에서는 '백두산까지 밀고 나가자'라고 하여 백두산을 점령하는 것이 통일의 완성이라고 보았다. 1990년대에는 중국과 수교가 이루어지며 한국인이라면 한 번쯤 가보아야 할 대상이 되었다. 21세기에 들어서는 남북 교류가 이루어지고 평화 분위기가 자리 잡으면서 북한을 흡수 통일해야 한다는 입장이 줄어들었고, 북진통일의 표상으로 백두산을 이해하는 관점 역시 퇴조하였다. 하지만 중국의 '동북공정'이 알려지면서 백두산에 대한 관심이 다시 고조되고 있다.

대한민국이 백두산을 우리 민족의 성지로 인식하고 있는 데 비해 북한은 '백두산=성산'이라는 개념을 바탕으로 김일성 가계를 신성시하는 데 이용하고 있다. 북한에서 백두산은 김일성이 전개한 항일유격대의 터전이며, 김일성의 아들인 김정일의 출생지로 이용되는 등 '혁명의 성산聖山'임이 강조되고 있다. 하지만 김정일의 실제 출생지가 구소련 하바롭스크라는 것은 누구나 알고 있는 사실이다. 그럼에도 '친애하는 지도자 김정일 동지께서 백두의 기상과 천지의 맑은 정기를 한 몸에 안으시고 여기 백두산 밀영에서 공산주의의 미래에 찬란한 태양으로 높이 솟아오르신 곳'이라고 하거나, 김일성의 부인이자 김정일의 어머니인 김정숙에 대해 '태양의 빛발을 한 몸에 안고 혁명의 수만리 길을 헤쳐 일편단심 장군님을 받드시고 조선의 미래를 안아

〈그림 10〉
백두산 정일봉
CC BY 2.0 Mark Scott Johnson

〈그림 11〉
김정일이 태어난 백두산 밀영 고향집

키우신 항일 여성 영웅 김정숙 동지의 불멸의 업적이 깃들어 있는 곳'이라며 체제 강화에 이용하고 있다. 김일성이 죽은 후 이른바 선군先軍정치를 내세울 때도 백두산은 김일성·김정숙·김정일 우상화에 이용되었으며, 김일성 가계 우상화의 중요한 기제로 떠받들어지고 있다. 이러한 우상화의 일환으로 장군봉은 '백두산 정일봉'으로 개칭하여 부르고 있으며, 삼지연도 '조국의 호수'라 개명하였다.

대한민국과 북한이 긴장과 대결이 아닌 평화관계를 지향하고 있다고 단언하기는 어려우며, 평화통일 역시 곧 이루어질 것이라 보기도 어렵다. 하지만 남북정상은 역사적인 만남의 장소로 백두산을 선택하며 민족 평화의 상징으로 삼았다. 이와 같이 남북이 한민족이라는 생각을 유지하는 한 백두산은 중요한 상징으로 그 의미는 영원히 지속될 것이다.

참고문헌

1부 우리 자연유산 백두산

1. 저서

- 길림성 장백산 자연보호구 관리국(1978), 『자연보호(二)』.
- 김상완 · 원종선 · 김정우 · 문우일 · 민경덕(2001), 『DInSAR에 의한 백두산 성층화산체의 지표변위』, 대한원격탐사학회 학술발표회.
- 김상완 · 이창욱 · 원중선(2004), 『영상레이다 위상간섭기법을 이용한 백두산 지역의 지표변위 관측』, 대한자원환경지질학회 학술발표회.
- 김영표 · 임은선 · 김연주(2004), 『한반도 산맥체계 재정립 연구: 산줄기 분석을 중심으로』, 국토연구원.
- 김정락(1998), 『백두산총서(지질)』, 한국문화사.
- 김정배 · 이서행 외(2010), 『백두산』, 한국정신문화연구원.
- 박수헌(1994), 『백두산지도첩』, 조선과학출판사.
- 유충걸(2001), 『백두산 화산활동이 량강도자연지리요소에 준 영향』, 대한지리학회 2001년 추계학술대회논문집.
- 윤성효 · 원종관 · 이문원(2004), 『백두산의 화산활동과 형성과정』, 한국암석학회 심포지엄 논문집.
- 윤성효 · 히로미추 타니구치 · 하이첸 웨이 · 지아치 류(2007), 『백두산 화산위기』, 대한자원환경지질학회, 대한지질공학회, 대한지질학회, 한국석유지질학회 공동학술발표회 논문집.

2. 논문

- 김남신(2011), 「시뮬레이션에 의한 백두산 화산분출 영향범위 분석」, 『한국지역지리학회지』 17(3).
- 김태훈 · 윤준희(2014), 「백두산 화산재해대응시스템 개발 방안 연구」, 『Journal of the Korean Association of Geographic Information Studies』 17-1.
- 박경(2013), 「백두산 화산 관련 연구 동향-휴화산/활화산 논쟁과 관련하여-」, 『한국지형학회지』 20-4.
- 박정란 · 강동완(2011), 「백두산 화산 폭발에 의한 탈북:향방과 대비」, 『국방연구』 54-3.
- 소원주 · 윤성효(1999), 「백두산 화산의 홀로세 대분화 연구 : 개관」, 『지구과학회지』 20.
- 원종관 · 이문원(1986), 「한반도에서의 제4기 화산활동과 화산암류의 특징」, 『이상만교수송수기념논문집』.
- 유순영 · 윤성민 · 최은경(2014), 「백두산 화산재해 시나리오의 사회적 비용 연구」, 『국제지역연구』 18-3.
- 유인창 · 최선규 · 위수민(2006), 「한반도 동남부 백악기 경상분지의 형성과 변형에 관한 질의」, 『자원환경지질』 177.
- 윤성효 · 원종관 · 이문원(1993), 「백두산 일원의 신생대 화산활동과 화산암류의 특성 고찰」, 『대한지질학회지』 29-3.
- 윤성효 · 원종관 · 이문원(1993), 「백두산 일원의 신생대 화산활동과 화산암류의 특성 고찰」, 『지질학회지』 29.
- 윤성효 · 최종섭(1996b), 「백두산 천지 칼데라 화산의 역사 분출기록」, 『한국지구과학회지』 17-5.
- 윤성효(2013), 「백두산의 역사시대 분화 기록에 대한 화산학적 해석」, 『Jour. Korean Earth Science Society』 34-6.

- 윤성효 · 이순환(2011), 「백두산 화산 분출물 확산 예측에 대기흐름장 평균화가 미치는 영향」, 『Jour. Korean Earth Science Society』 32-4.
- 윤성효 · 이정현(2011), 「백두산 화산의 1702년 강하화산재 기록에 대한 화산학적 해석」, 『암석학회지』 20-4
- 이길하 · 김성욱(2013), 「백두산 화산분화에 대처하기 위한 계획과 전략」, 『Jour. Korean Earth Science Society』 34-6.
- 이길하 · 김성욱 · 유순영 · 김상현(2013), 「백두산 화산분화로 인해 천지에서 발생 가능한 화산홍수」, 『Jour. Korean Earth Science Society』 34-6.
- 이덕수 · 최승찬 · 오창환 · 서민호 · 유인창(2013), 「인공위성을 이용한 백두산 화산 마그마 활동의 전조현상 인지 가능성 연구」, 『암석학회지』 22-1.
- 이상철 · 윤성효 · 정훈영(2014), 「백두산 화산가스 및 온천수에 대한 지화학적 연구」, 『지질학회지』 50-6.
- 이원호 · 이승수 · 양원직(2013), 「백두산 화산폭발 대응」, 『대한건축학회 학술발표대회 논문집』 33-2.
- 정기웅(2014), 「백두산 화산재해와 북한 급변사태에 관한 소고」, 『국제지역연구』 18-4
- 좌용주 · 이종익 · Zheng Xiangshen(2003), 「백두산 화산분출 연대에 대한 연구: 1. 목탄과 나무 시료에 대한 14C 방사성 연대」, 『지질학회지』 39-3.
- 최은경 · 김성욱 · 이영철 · 이규환 · 김인수(2013), 「지형 요소를 고려한 백두산 지역의 위험도 분석」, 『Jour. Korean Earth Science Society』 34-7.
- 홍영국(1990), 「백두산의 지질」, 『지질학회지』 26

2부 우리 역사 속의 백두산

1. 저서

- 강석화(2000), 『조선후기 함경도와 북방영토의식』, 경세원.
- 국가보훈처 편(1996), 『최신창가집』, 『해외의 한국독립운동사료』 16, 일본편.
- 국사편찬위원회(1987), 『中國正史 朝鮮傳 譯註1』, 국사편찬위원회.
- 김동훈(1992), 『백두산 전설군에 대한 연구-백두산 설화연구』, 고려대학교 민족문화연구소.
- 김병선 외(2001), 『한국현대시어 용례사전』, 누리미디어.
- 김병선(2007), 『창가와 신시의 형성』, 소명출판.
- 김지남 외 지음 · 이상태 외 옮김(1998), 『조선시대 선비들의 백두산 답사기』, 혜안.
- 노태돈(1999), 『고구려사 연구』, 사계절.
- 단재 신채호 전집(2008), 『독립기념관 한국독립운동사 연구소』.
- 동북아역사재단 편(2007), 『발해의 역사와 문화』, 동북아역사재단.
- 라우텐자흐 지음 · 김종규 외 옮김(1998), 『코레아』 I, 민음사.
- 리천록 · 최룡관(1989), 『백두산전설』, 연변인민출판사.
- 민태원 외 지음, 이지누 편(2005), 『잃어버린 풍경 2 : 1920-1940 백두산을 찾아서』, 호미.
- 백낙청 편(1988), 『민족주의란 무엇인가』, 창작과 비평사.
- 서길수(2009), 『백두산 국경 연구』, 여유당출판사.
- 송기호(1995), 『발해정치사연구』, 일조각.
- 심경호(2007), 『산문기행 : 조선의 선비, 산길을 가다』, 이가서.
- 심혜숙(1994), 『중국 조선족 취락지명과 인구분포』, 서울대학교 출판부.
- 알프레드 에드워드 좀 케번디시 지음 · 조행복 옮김(2008), 『백두산으로 가

는 길: 영국군 장교의 백두산 등정기』, 살림.
• 양태진(2007), 『우리나라 영토 이야기』, 예나루.
• 유종열(1992), 『백두산 : 韓民族의 靈山』, 大旺社.
• 이동순(2003), 『이찬시전집』, 소명출판.
• 이상태 외 옮김(1998), 『조선시대 선비들의 백두산 답사기』, 혜안.
• 이종석(2000), 『북한-중국 관계 1945-2000』, 중심.
• 이찬(1991), 『한국의 고지도』, 범우사.
• 장보웅(1986), 『한국의 민가 연구』, 보진재출판사.
• 정재호 외(1992), 『백두산 설화 연구』, 고려대학교 민족문화연구소.
• 조법종(2009), 「한국 고중세 백두산신앙과 만주명칭의 기원」, 『한국사연구』 147, 한국사학회.
• 주강현(2007), 『100가지 민족문화 상징 사전』, 한겨레출판.
• 최인학(1994), 『백두산설화』, 도서출판 밀알.
• 치우환싱 지음 · 남종진 옮김(2001), 『중국풍속기행』, 프리미엄북스.
• 평화문제연구소 · 조선과학백과사전출판사, 『조선향토대백과 16-량강도』, 평화문제연구소.
• 한규철(1994), 『발해의 대외관계사』, 신서원.

『동아일보』 아카이브

『조선일보』 아카이브

2. 논문

• 강석화(2011), 「조선 후기 백두산에 대한 인식의 변화」, 『조선시대사학보』 56
• 강석화(1996), 「18세기 함경도지역의 개발과 사족」, 『역사비평』 35

- 고승희(2009),「1880년대 조 · 청 감계협상과 국경문제 인식」, 동북아역사재단 편,『근대 변경의 형성과 변경민의 삶』.
- 구자황(2015),「근대 교과서와 기행문 성립에 관한 연구」,『한민족어문학』69
- 김낙현(2014),「『백두산』 개작에 대한 연구」,『한국근대문학연구』30.
- 김낙현(2014),「장편서사시『白頭山』 연구」,『국어국문학』167
- 김동준(2014),「18세기 북방 여행의 배경과 신광하의 백두산 기행」,『이화어문논집』32.
- 김재영(2017),「19세기 말 20세기 초 백두산에 대한 인식변화」,『역사민속학』53.
- 김정배(1973),「조선 · 숙신의 민족적 성격」,『이홍식박사 회갑기념 한국사논총』.
- 김현숙(1992),「고구려의 말갈지배에 관한 시론적 고찰」,『한국고대사연구』6, 지식산업사.
- 노태돈(1990),「고조선 중심지의 변천에 대한 연구」,『한국사론』23.
- 문상명(2012),「고지도에 나타나는 백두산의 명칭과 표현」,『한국고지도연구』4-2.
- 문상명(2011),「백두산 생활문화권 답사」,『성신여대 응용지리』29.
- 문상명(2013),「한국 고지도에 표현된 백두산 동류 수계」,『한국지역지리학회지』19-2.
- 문상명(2012),「고지도에 나타나는 백두산의 명칭과 표현」,『한국고지도연구』4(2).
- 문상명 · 양보경(2013),「한국 고지도 속 백두산 북동류 하천에 나타나는 북방영역에 대한 인식과 사회적 담론」,『문화역사지리』25(2).
- 박계리 · 문정희(2011),「백두산: 만들어진 전통과 표상」,『미술사학보』36.
- 박찬승(2013),「백두산의 '민족 영산'으로서의 표상화」,『동아시아문화연구』55.

- 박현모(2007), 「세종의 변경관과 북방영토경쟁 연구」, 『정치사상연구』 봄호, 13호 1집.
- 배성준, 「중국의 '장백산문화론'에 대한 비판적 검토」, 동북아역사재단 홈페이지 현안자료.
- 배우성(1995), 「고지도를 통해 본 18세기 북방정책」, 『규장각』 18.
- 서대석(1992), 「백두산과 민족신화-우리 민족과 만주족의 신화를 중심으로」, 『백두산 설화연구』, 고려대학교 민족문화연구소.
- 서영수(1988), 「고조선의 위치와 강역」, 『한국사시민강좌』 2.
- 서춘 외(1989), 『아아! 천지다-33인의 백두산 탐험기』, 수문출판사.
- 송기호(1996), 「발해의 성쇠와 강역」, 『백산학보』 47.
- 송용덕(2007), 「고려~조선전기의 백두산 인식」, 『역사와 현실』 64, 한국역사연구회.
- 신진숙(2017), 「백두산 관광을 통해 본 식민지 '진정성'의 구성 방식」, 『동악어문학』 71.
- 양보경(2012), 「백두산과 백두대간 개념 형성과 식민지적 변천」, 『한국문화역사지리학회 2012년도 학술 심포지엄』.
- 윤휘탁(2013), 「중국 · 남북한의 백두산 연구와 귀속권 논리」, 『한국사학보』 51
- 윤휘탁(2015), 「중국의 '백두산의 중국화' 전략」, 『동북아역사논총』 48.
- 이강원(2010), 「백두산 · 천지 지명에 대한 일고찰: 한 · 중 지명 표기를 중심으로」, 『국토지리학회지』 44-2.
- 이강원(2007), 「조선후기 국경인식에 있어 두만강, 토문강, 분계강 개념과 그에 대한 검토」, 『정신문화연구』 108.
- 정영훈(2008), 「단기연호, 개천절 국경일, 홍익인간 교육이념」, 『정신문화연구』 겨울호, 31권 4호.
- 정우봉(2017), 「신자료를 통해 본 18세기 백두산 여행과 그 의미 – 신광하를

중심으로」, 『대동문화연구』 100.
- 정욱재(2010), 「일제강점기 조선인 관료의 백두산 여행과 간도 인식」, 『장서각』 24.
- 정욱재(2012), 「일제강점기 대종교인 成世英의 백두산 여행과 영토의식」, 『역사와 담론』 64.
- 정인보, 「기한치익사(記韓致益事)」, 『담원문록(薝園文錄)』 2.
- 정치영(2004), 「조선후기 인구의 지역별 특성」, 『민족문화연구』 40.
- 조법종(2004), 「중국학계의 동북 고민족 및 고조선 연구동향과 문제점」, 『한국고대사연구』 23.
- 조법종(2009), 「한국 고중세 백두산신앙과 만주명칭의 기원」, 『한국사연구』 147.
- 최장근(2015), 「간도의 중국 관할 경위」, 『일본근대학연구』49
- 한규철(2006), 「발해의 영역에서 본 고구려 계승성」, 『고구려연구』 22.
- 한영우(1975), 「訥齋 梁誠之의 社會 · 政治思想」, 『역사교육』 17집

3. 사료

- 『高麗史節要』
- 『茶山詩文集』
- 『大東地志』
- 『道路考』
- 「白頭山遊錄」, 『鏞洲集』
- 『新增東國輿地勝覽』
- 『輿地圖書』
- 『燃藜室記述』
- 『鄭鑑錄』
- 『朝鮮王朝實錄』

- 『靑莊館全書』
- 『擇里志』
- 『海東繹史』續集
- 『戶口總數』
- 『欽定滿洲源流考』
- 『北關地圖』
- 『承政院日記』
- 『肅宗實錄』
- 『三國遺事』
- 『三國志』
- 『北幕日記』
- 『硏經齋全集』
- 『北征錄』
- 『隨書』
- 『舊唐書』
- 『新唐書』
- 『金史』
- 『同文彙考』
- 『疆界志』
- 「廣開土大王陵碑文」
- 서울대학교 규장각 한국학 연구원, 원문자료 DB 고지도(kyujanggak.snu.ac.kr/sub_index.jsp?ID=GZD).

찾아보기

ㄱ

ㄴ

ㄷ

ㄹ

ㅁ

ㅂ

ㅅ

ㅇ

ㅈ

ㅊ

ㅋ

ㅌ

ㅍ

ㅎ

강석화 姜錫和

서울대학교 인문대학 국사학과를 졸업하고 동대학원에서 석사와 박사 학위를 받았다. 육군사관학교 사학과 전임강사, 서울대학교 규장각 조교·학예연구사를 지냈고, 현재 경인교육대학교 사회교육과에 재직 중이다. 저서로는 『조선후기 함경도와 북방 영토의식』(경세원, 2000)이 있고 논문으로는 「정약용의 관제개혁안 연구」, 「1712년의 조·청 정계와 18세기 조선의 북방경영」, 「영·정조시대의 함경도 지역개발과 위상강화」 등이 있다.

동북아역사재단 교양총서 16

자연과 역사가 살아 숨 쉬다

백두산

제1판 1쇄 발행일 2019년 12월 20일

지은이 강석화
발행인 김도형
발행처 동북아역사재단

출판등록 제312-2004-050호(2004년 10월 18일)
주소 서울시 서대문구 통일로 81, NH농협생명빌딩
전화 02-2012-6065
팩스 02-2012-6189
홈페이지 www.nahf.or.kr
제작·인쇄 청아출판사
디자인 (주)파피루스

ISBN 978-89-6187-504-2 04910
978-89-6187-406-9 (세트)

• 이 도서의 국립중앙도서관 출판예정도서목록(CIP)은 서지정보유통지원시스템 홈페이지(http://seoji.nl.go.kr)와 국가자료종합목록시스템(http://kolis-net.nl.go.kr)에서 이용하실 수 있습니다.(CIP제어번호 : CIP2019051229)
• 책값은 뒤표지에 있습니다. 잘못된 책은 바꾸어 드립니다.